厚生労働省認定教材	
認定番号	第59264号
認定年月日	昭和62年2月2日
改定承認年月日	令和7年3月31日
訓練の種類	普通職業訓練
訓練課程名	普通課程

機械製図
基礎編

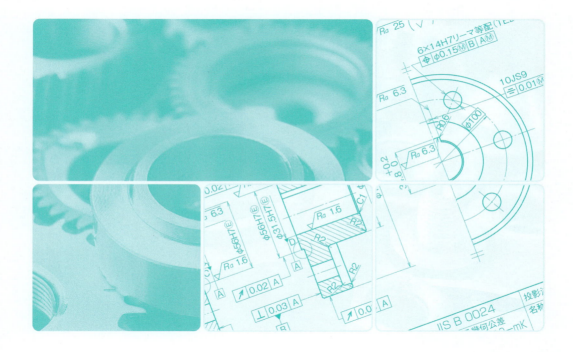

独立行政法人 高齢・障害・求職者雇用支援機構
職業能力開発総合大学校 基盤整備センター 編

は　し　が　き

　本書は，職業能力開発促進法に定める普通職業訓練に関する基準に準拠し，「機械系」系基礎学科「製図」の教科書として編集したものです。

　コンピュータソフトの開発によってCADで図面が容易に作成できるようになりましたが，製図の基本的な規則が理解されていないと，技術言語である図面としては表現される要求事項が読図者に正確に伝わらないことになります。

　本書は，基礎編として，機械工学分野で活躍される方々に設計意図が正確に伝わるために必要な図面が作成できるよう，必要な事項について順序だててまとめてあります。そして，応用編として，機械図面に多く用いられる機械要素部品を例示して，理解を深めていただけるように編集しました。

　実際に図面を作成するとなると，工業分野によって種々の部品・製品を製造するためには，本書に記載のないものも多くありますが，まず基本的な製図規則を理解していただきたいと思います。そうすれば，かなりの応用ができるようになります。

　昨今は，図面の国際化が行われつつあります。国際規格（ISO）との整合を図った図面が要求されるようになりましたので，独立の原則（independency principle），包絡の条件（envelope requirement），複合位置度公差方式（composite positional tolerancing）などを追加しました。これらは，すでにJIS化もされています。

　今回の改定で，これらの図面への適用によって国際化の時代に相応しい内容になると確信しています。一層の理解を深めてください。

　なお，本書は次の方々のご協力により改定したもので，その労に対して深く謝意を表します。

〈監　修　委　員〉
　桑　田　浩　志　　元 ISO/TC 10 & ISO/TC 213日本代表
　吉　田　　瞬　　　職業能力開発総合大学校

〈執　筆　委　員〉
　東　　　健　司　　AZM エンジニアリング
　磯　野　宏　秋　　元 職業能力開発総合大学校
　滝　沢　亮　介　　神奈川県立東部総合職業技術校
　丹　羽　竜　介　　中部職業能力開発促進センター
　山　中　淳　央　　兵庫県立神戸高等技術専門学院

（委員名は五十音順，所属は執筆当時のものです）

令和7年3月

独立行政法人 高齢・障害・求職者雇用支援機構
職業能力開発総合大学校 基盤整備センター

目　　次

第1章　機械製図の基礎事項

1.1　製図及び図面の意義 ……………………………………………………… 12

1.2　製図規格 …………………………………………………………………… 13

1.3　図面の種類 ………………………………………………………………… 14

1.4　製図用具 …………………………………………………………………… 15

　1.4.1　製図板と製図器具 …………………………………………………… 15

　1.4.2　製図機械 ……………………………………………………………… 21

1.5　文字と線 …………………………………………………………………… 22

　1.5.1　文　　字 ……………………………………………………………… 22

　1.5.2　線 ……………………………………………………………………… 24

第1章　章末問題 ……………………………………………………………… 28

第2章　投影法

2.1　立体画法 …………………………………………………………………… 32

　2.1.1　投影法とその種類 …………………………………………………… 32

　2.1.2　正投影，第三角法と第一角法 ……………………………………… 32

　2.1.3　軸測投影 ……………………………………………………………… 35

　2.1.4　斜投影 ………………………………………………………………… 37

　2.1.5　透視投影 ……………………………………………………………… 38

第2章　章末問題 ……………………………………………………………… 39

第3章　図形の表し方

3.1　図面の様式 ……………………………………………………… 42

　3.1.1　図面の大きさと様式 ……………………………………… 42

　3.1.2　尺　　度 …………………………………………………… 48

3.2　図形の表し方及び配置 ………………………………………… 49

　3.2.1　主投影図 …………………………………………………… 49

　3.2.2　補足の投影図と種類 ……………………………………… 51

3.3　断面図 …………………………………………………………… 55

　3.3.1　断面図の表示 ……………………………………………… 55

　3.3.2　断面図の種類 ……………………………………………… 56

　3.3.3　断面図で図示できないもの ……………………………… 62

3.4　図形の簡略化 …………………………………………………… 63

　3.4.1　図形の省略 ………………………………………………… 63

3.5　特殊な図示法 …………………………………………………… 68

　3.5.1　二つの面の交わり部 ……………………………………… 68

　3.5.2　平面部の図示 ……………………………………………… 70

　3.5.3　展開図の図示 ……………………………………………… 70

　3.5.4　模様などの表示 …………………………………………… 71

　3.5.5　特殊な加工・処理の表示 ………………………………… 72

　3.5.6　想像線を用いた図示 ……………………………………… 72

第3章　章末問題 …………………………………………………… 73

第4章　寸法記入方式

4.1　寸法記入の一般原則 …………………………………………… 78

　4.1.1　寸法記入の一般事項 ……………………………………… 78

　4.1.2　寸法数値の記入 …………………………………………… 82

　4.1.3　寸法の配置 ………………………………………………… 85

4.2　寸法補助記号及び指示例 ··· 88

　4.2.1　寸法補助記号を用いた寸法記入 ······························· 88

　4.2.2　そのほかの形状による寸法記入 ······························· 97

4.3　寸法記入における留意事項 ·· 104

　4.3.1　JIS における寸法記入の一般原則 ························· 104

4.4　特殊な寸法記入 ·· 109

　4.4.1　同一形状の寸法指示 ·· 109

　4.4.2　尺度に比例しない寸法 ··· 109

　4.4.3　特殊指定線の指示 ·· 110

第4章　章末問題 ·· 111

第5章　寸法公差表示方式

5.1　寸法公差表示方式の基本原則 ······································ 116

　5.1.1　寸法公差 ·· 116

　5.1.2　寸法公差表示方式による指示方法 ························· 117

　5.1.3　組み立て状態での許容限界の記入方法 ··················· 118

　5.1.4　角度寸法及び角度サイズの許容限界による指示方法 ···· 119

5.2　寸法許容限界記入に関する一般的な注意事項 ·············· 120

5.3　はめあい方式 ··· 121

　5.3.1　はめあい ·· 121

　5.3.2　ISO はめあい方式（ISO コード方式） ··················· 122

　5.3.3　公差クラスによる指示方法 ··································· 126

　5.3.4　推奨されるはめあい条件 ····································· 127

5.4　普通寸法公差 ··· 130

　5.4.1　鋳造品の普通寸法公差 ·· 130

　5.4.2　削り加工の普通寸法公差 ····································· 132

－5－

5.5 寸法誤差の累積 ……………………………………………………… 134

5.6 サイズの公差表示方式 ……………………………………………… 136

 5.6.1 サイズ形体の測定 ……………………………………………… 136

 5.6.2 公差表示方式による長さと角度の指示方法 ………………… 138

第5章 章末問題 ……………………………………………………………… 139

第6章 幾何公差表示方式

6.1 幾何特性 ……………………………………………………………… 142

 6.1.1 幾何公差の種類 ………………………………………………… 142

 6.1.2 データム ………………………………………………………… 143

6.2 幾何公差の表し方 …………………………………………………… 145

 6.2.1 幾何公差記入枠 ………………………………………………… 145

 6.2.2 公差記入枠の指示 ……………………………………………… 146

 6.2.3 公差域の解釈 …………………………………………………… 146

 6.2.4 公差の適用の限定 ……………………………………………… 148

6.3 幾何公差の指示例と意味 …………………………………………… 151

6.4 独立の原則の例外 …………………………………………………… 154

 6.4.1 独立の原則の図面への指示方法 ……………………………… 154

 6.4.2 最大実体公差方式Ⓜ …………………………………………… 154

 6.4.3 動的公差線図 …………………………………………………… 155

 6.4.4 機能ゲージ ……………………………………………………… 156

 6.4.5 独立の原則の例外に該当する付加記号 ……………………… 157

 6.4.6 グループ形体へのMMRの適用 ……………………………… 157

 6.4.7 複合位置度公差方式 …………………………………………… 158

 6.4.8 0Ⓜ（ゼロマルエム） ………………………………………… 160

 6.4.9 突出公差域Ⓟ …………………………………………………… 160

 6.4.10 包絡の条件Ⓔ …………………………………………………… 161

 6.4.11 最小実体公差方式Ⓛ …………………………………………… 162

 6.4.12 非剛性部品の指示Ⓕ …………………………………………… 163

6.5　削り加工の普通幾何公差 ……………………………………………… 164

6.6　幾何偏差の測定 ………………………………………………………… 166

6.6.1　座標測定機による測定 ……………………………………………… 166

6.6.2　簡易測定器による測定 ……………………………………………… 166

第6章　章末問題 …………………………………………………………… 170

第7章　表面性状

7.1　表面性状 …………………………………………………………………… 176

7.2　輪郭曲線パラメータ ……………………………………………………… 177

7.2.1　粗さパラメータ ……………………………………………………… 177

7.3　表面性状の図示方法 ……………………………………………………… 179

7.3.1　除去加工の有無 ……………………………………………………… 179

7.3.2　粗さパラメータ ……………………………………………………… 179

7.3.3　表面性状の許容限界 ………………………………………………… 180

7.3.4　加工方法，筋目，削り代の指示 …………………………………… 181

7.4　表面性状の図面指示 ……………………………………………………… 183

7.4.1　基本的な指示方法 …………………………………………………… 183

7.4.2　簡略指示方法 ………………………………………………………… 184

7.5　複合された表面性状と転がり円うねり …………………………………… 186

7.5.1　プラトー構造表面 …………………………………………………… 186

7.5.2　転がり円うねり ……………………………………………………… 186

7.6　モチーフパラメータ ……………………………………………………… 187

7.6.1　モチーフの定義 ……………………………………………………… 187

7.6.2　モチーフパラメータの算出 ………………………………………… 188

7．7 表面性状の測定 ……………………………………………………… 189

7．8 加工方法と表面性状との関係 …………………………………………… 190

第7章 章末問題 ………………………………………………………………… 191

第8章 材料記号

8．1 材料記号 ………………………………………………………………… 200

8.1.1 鉄鋼記号及び非鉄金属記号の表し方 ………………………………… 200

8.1.2 伸銅品及びアルミニウム青銅展伸材の記号の表し方 ……………… 202

8.1.3 質量計算 …………………………………………………………………… 204

第8章 章末問題 ………………………………………………………………… 207

第9章 溶接記号

9．1 溶接記号 ………………………………………………………………… 210

9.1.1 溶接の種類 ………………………………………………………………… 210

9.1.2 溶接継手 …………………………………………………………………… 210

9.1.3 溶接記号 …………………………………………………………………… 211

9.1.4 溶接記号の説明 …………………………………………………………… 214

9.1.5 溶接寸法 …………………………………………………………………… 216

9.1.6 溶接部の非破壊検査記号 ………………………………………………… 221

第9章 章末問題 ………………………………………………………………… 227

第10章 ねじ製図

10．1 ねじ製図 ………………………………………………………………… 230

10.1.1 ね　じ …………………………………………………………………… 230

10.1.2 ねじの表し方 …………………………………………………………… 231

第10章 章末問題 ……………………………………………………………… 242

— 8 —

巻末資料 …………………………………………………………………………………… 243

　章末問題の解答 ………………………………………………………………………… 261

　規格等一覧 ……………………………………………………………………………… 286

　索　引 …………………………………………………………………………………… 290

第 1 章
機械製図の基礎事項

第1章　機械製図の基礎事項

1.1　製図及び図面の意義

「**製図**」とは，図面を作成する行為をいい，主に機械に関する製図を「機械製図」という。

「**図面**」とは，対象物（又は製品）などを情報媒体や規則に従って図又は線図で表し，その多くが尺度に従って描かれた技術情報をいう。図面は，設計・製図者・製作者の間，発注者・受注者の間などで，必要な情報を伝えるための手段となる。

製図をする者は，設計者の意図を正確に，完全に描き表すとともに，読図者の立場に立って製図しなければならない。

図面の目的は，設計者の意図（形状，寸法，材料など）を読図者に，様々な解釈がなされないように，確実に，かつ，理解しやすい表現で伝達することにある。そのため，図面は，

「**正確に**」，「**簡潔に**」，「**明瞭に**」，

ということを意識して描くことが大切である。

さらに，図面は，企業などが保有する技術を凝縮した資料でもあるため，製品の補修部品供給のために保存するだけではなく，将来の改良や新設計のための最も有用な設計情報として，検索・利用できるようにしておく必要がある。

今，産業技術の進捗，特にコンピュータの性能向上に伴って，人間の手に代わってコンピュータが指示どおりに，すばやく図面を描き上げる時代になっている。そのようなシステムを **CAD**（Computer Aided Design）というが，CAD は従来の手書き製図に代わり作図時間の短縮，図の変更などを容易にし，解析や工程管理，注文や見積もりなど，幅広い用途で用いられている。

また，工業系の教育機関でも CAD が採用され，技術の向上に効果を上げている。

1.2 製図規格

　図面は，一定の情報を他者に伝える手段であり，その場合，図面の内容を誤りなく正確に読み取れるようにしなければならない。そのために，製図についての規則が必要であり，それが**日本産業規格**（JIS：Japanese Industrial Standards）に規定された製図規格である。

　JIS は，技術進歩，生産効率の合理化，公正な取引の励行などを目的とした国家規格である。製図に関する規格として，土木・建築・機械・電気などの共通の一般事項に関する「**製図総則**（JIS Z 8310）」や，機械に関する「**機械製図**（JIS B 0001）」などがある。表1-1に機械製図に関する主な日本産業規格を示す。

　制定された JIS は，定期的に見直しが行われ，JIS を参照するときは，規格番号の後に付けられた制定あるいは改正年号に注意する必要がある。特に国際的に技術交流が進んでいる昨今，どの国でも通用するように国際的な標準化を図るため，**国際標準化機構**（ISO：International Organization for Standardization）の規格に準じて制定・改正が行われている。

　なお，1979 年に「関税および貿易に関する一般協定（GATT）」の東京ラウンドで定められた GATT スタンダード・コード，さらに 1995 年の「貿易の技術的障害に関する協定（TBT 協定）」の発効に伴い，世界貿易機構（WTO）加盟国には国家規格と国際規格との整合化を図ることが義務付けられたため，ISO に整合しない国家規格は，WTO を通じて提訴できる。

表1-1　機械製図に関する主な日本産業規格

名　称	規格番号	名　称	規格番号
製図総則	Z 8310	歯車製図	B 0003
製図-製図用語	Z 8114	ばね製図	B 0004
製図-製図用紙のサイズ及び図面の様式	Z 8311	製図-転がり軸受	B 0005
製図-表示の一般原則-線の基本原則	Z 8312	製品の幾何特性仕様（GPS）-幾何公差表示方式	B 0021
製図-文字	Z 8313	～	～
製図-尺度	Z 8314	製品の幾何特性仕様（GPS）-基本原則	B 0024
製図-投影法	Z 8315	～	～
製図-図形の表し方の原則	Z 8316	製図-姿勢及び位置の公差表示方式	B 0029
製図-寸法及び公差の記入方法	Z 8317-1	製品の幾何特性仕様（GPS）-表面性状の図示方法	B 0031
製品の技術文書情報（TPD）-長さ寸法及び角度寸法の許容限界の指示方法	Z 8318	デジタル製品技術文書情報	B 0060-1 ～-10
機械製図	B 0001		
製図-ねじ及びねじ部品	B 0002	製品の幾何特性仕様（GPS）-表面性状	B 0601

— 13 —

第1章　機械製図の基礎事項

1.3　図面の種類

図面には，用途，表現形式，内容によって多数の種類がある。表1-2に主な図面の種類を示す。

表1-2　図面の名称の意味（JIS Z 8114：1999）

区　分	名　称	意　味
用途	基本設計図	最終決定のための，及び／又は当事者間の検討のための基本として使用する図面
	（工作）工程図	特定の製作工程で加工すべき部分，加工方法，加工寸法，使用工具などを示す工程図
	試作図	製品又は部品の試作を目的とした図面
	製作図	一般に設計データの基礎として確立され，製造に必要なすべての情報を示す図面
	詳細図	構造物，構成材の一部分について，その形，構造又は組立・結合の詳細を示す図面。一般に大きい尺度で描く。
	注文図	注文書に添えて，品物の大きさ，形，公差，技術情報など注文内容を示す図面
	見積図	見積書に添えて，依頼者に見積内容を示す図面
	承認用図	注文書などの内容承認を求めるための図面
	承認図	注文者などが内容を承認した図面
	説明図	構造・機能・性能などを説明するための図面
表現形式	外観図	梱包，輸送，据え付け条件を決定する際に必要となる対象物の外観形状，全体寸法，質量を示す図面
	展開図	対象物を構成する面を平面に展開した図
	曲面線図	船体，自動車の車体などの複雑な曲面を線群で表した図面
	系統（線）図	給水・排水・電力などの系統を示す線図
	（プラント）工程図	化学工場などで，製品の製造過程の機械設備と流れの状態（工程）を示す系統図
	配管図	構造物，装置における管の接続・配置の実態を示す系統図
	計装図	測定装置，制御装置などを工業装置，機械装置などに装備，接続した状態を示す系統線図
	（電気）接続図	図記号を用いて，電気回路の接続と機能を示す系統図
	構造線図	機械・橋りょうなどの骨組みを示し，構造計算に用いる図面
	立体図	軸測投影，斜投影法又は透視投影法によって描いた図の総称
	スケッチ図	フリーハンドで描かれ，必ずしも尺度に従わなくてもよい図面
内容	部品図	部品を定義する上で必要なすべての情報を含んだ，これ以上分解できない単一部品を示す図面
	総組立図	完成品のすべての部分組立品と部品とを示した組立図
	部分組立図	限定された複数の部品又は部品の集合体だけを表した部分的な構造を示す組立図
	基礎図	構造物などの基礎を示す図又は図面
	配置図	地域内の建物の位置，機械などの据え付け位置の詳細な情報を示す図面
	装置図	装置工業で，各装置の配置，製造工程の関係などを示す図面

－14－

1.4 製図用具

1.4.1 製図板と製図器具

(1) 製図板と製図台

a 製図板

製図板は，製図をするときに製図用紙を貼り付ける木製の台板である。大きさは，A0用（1200 × 900 × 30 mm），A1用（900 × 600 × 30 mm），A2用（600 × 450 × 20 mm），A3用（377 × 515 × 21.5 mm）などがある。

b 製図台

製図台は，製図板を支える台である。製図板の高さや傾きを調整するための枕木（角材）を入れて用いていたが，専用の手動式又は自動式のものもあり，傾斜，高さの調節に便利である。

(2) 製図器具

a コンパスとディバイダ

コンパスには，大コンパス（中継ぎ），中コンパス，小コンパス（スプリングコンパス），ビームコンパス，比例コンパスなどがある（図1－1，図1－2）。

鉛筆用芯を用いるものに代わり，芯ホルダ，製図用ペンを用いるものもある。

① **中車式コンパス** ：調整ねじ（中車）を用いて両脚が開閉するコンパスで，微細な調整が可能。
② **ビームコンパス** ：中心側と弧を描く側を薄板などで連結でき，大きな円又は円弧が描ける（図1－3）。
③ **比例コンパス** ：すでに描かれている図形を比例的に拡大縮小するときに使用するもので，二本の脚をX形に止め，止める場所を移動・調整することで脚の両端の開きの比が変化する。ディバイダ（図1－1(d)）の一種。
④ **ディバイダ** ：長さ寸法を移したり，線分を分割したりする器具（図1－4，図1－5）。

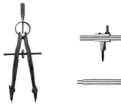

(a) 中車式コンパス　　(b) ビームコンパス　　(c) 比例コンパス　　(d) ディバイダ

図1－1　各種コンパス

第1章　機械製図の基礎事項

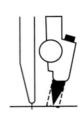
(a) 芯は，両側をマイナスドライバの形に研ぐ

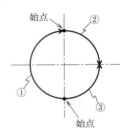
(b) 筆順

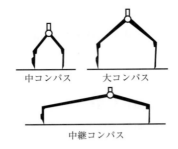
(c) 芯と針は紙面に直角に当てる

(d) 針は軽く押さえる

図1-2　コンパスの使用例

(a) ビームコンパス

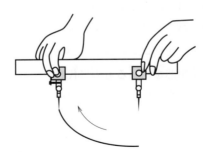
(b) ビームコンパスの使い方

図1-3　ビームコンパスの使用例

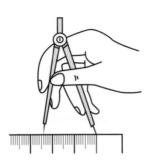

図1-4　ディバイダの寸法測定時の指の位置

1.4 製図用具

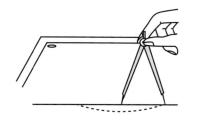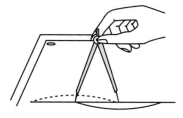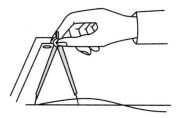

図1−5　ディバイダの使用例

b　定　規

定規は，直線や曲線を描くための器具であり（図1−6），主なものを次に述べる。

① T定規

T定規は，T形をした板状の定規である（図1−7）。製図板の短い辺に当てて水平な平行線を引いたり，三角定規の案内などに用いる。

水平線は，左から右へ，鉛筆は，紙面に対し60°〜70°傾けて当てるようにし，3本の指で力強く引くことと，定規と芯の間にすきまをあけないようにすることに気を付ける。

② 三角定規

三角定規は，三角形をした板状の直線定規で，90°・45°・45°，90°・60°・30°の2枚1組になっている。一般に，T定規の辺に沿って垂直線や15°間隔の斜線を引くときに使われる（図1−8）。

垂直線は，下から上へ，斜線は，左上から右下へ，左下から右上へ引くのが基本である（図1−9）。

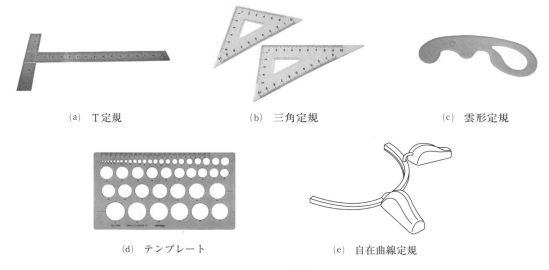

(a)　T定規　　　(b)　三角定規　　　(c)　雲形定規

(d)　テンプレート　　　(e)　自在曲線定規

図1−6　各種定規

第1章　機械製図の基礎事項

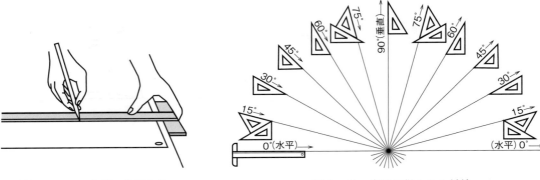

図1−7　T定規の使用方法　　　　　　　図1−8　定規で得られる斜線

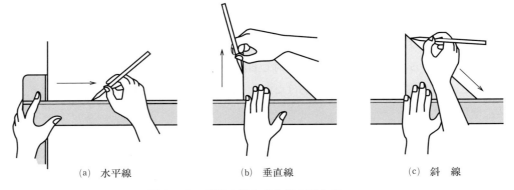

(a)　水平線　　　　　　(b)　垂直線　　　　　　(c)　斜　線

図1−9　鉛筆の持ち方と線の引き方

③　雲形定規

雲形定規は，いろいろな曲線のつながりからできた板状の曲線定規であり，1枚ものとセットものがある（図1 − 10）。

④　自在曲線定規

自在曲線定規は，いろいろな曲線を描くのに用いる棒状の曲線定規で，形を自由に変えられる。魚形文鎮とともに用いる。

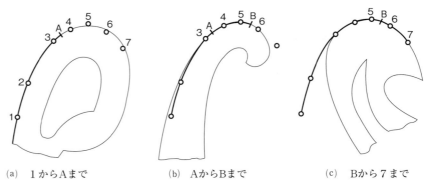

(a)　1からAまで　　　　(b)　AからBまで　　　　(c)　Bから7まで

図1−10　雲形定規の使い方

⑤ テンプレート

テンプレートは，図や文字をならい書きするときに用いる薄い板であり，いろいろな種類が市販されている。テンプレートで円を描く場合は，円の中心線にマークを合わせて描く（図1-11）。

ほかに，図や文字の一部を消すために用いる字消し板もある（図1-12）。

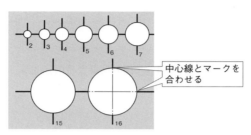

図1-11　円の描き方

図1-12　字消し板

c　スケールと分度器

① スケール

スケールは，長さを測るための目盛をもつ定規であり，2種類の目盛が付いた平スケール，4種類の目盛が付いた両面スケール，6種類の目盛が付いた三角スケールがある（図1-13）。等角投影図用の等角スケールもある。

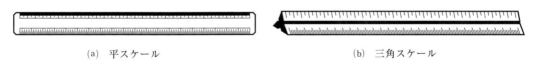

(a) 平スケール　　　　　　　　　　(b) 三角スケール

図1-13　スケール

② 分度器

15°の倍角は，1組の三角定規でもできるが，それ以外の角度は分度器による。半円と全円の分度器がある。軸測投影図用の各種楕円分度器もある（図1-14）。

第1章　機械製図の基礎事項

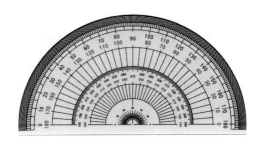
(a) 半円分度器

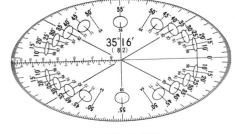
(b) 楕円分度器

図1－14　半円分度器と楕円分度器

d　製図用紙と鉛筆

① 製図用紙

製図用紙には，つや消しの半透明のトレーシングペーパが多く用いられ，厚口，中厚，薄口などの厚さの種類があり，また，ロール紙や各サイズのカットペーパがある。伸縮が少なく耐久性が高い製図用フィルム（マイラー紙）もあり，長期保存用などに用いられている。

② 製図用鉛筆

製図用鉛筆は，紙質や製図室の湿度によって使い分ける必要があるが，線の太さに関係なく濃く描くことが要求されるため，B，HB，Fがよい。作図線（薄い線）用にはH～4Hなどを用いることもあるが，できるだけ前述の芯を用い，力を抜いて描く方法がよい。

鉛筆の芯は，線引き用はマイナスドライバ形に，文字用は円すい形に研ぐのがよい（図1－15）。製図用シャープペンシルや芯ホルダが一般に用いられ，芯の太さは各種ある。

(a) 線引用　　　　　(b) 文字用

図1－15　鉛筆の削り方

(3)　そのほかの製図器

ほかに，製図用テープ，製図用ブラシ，消しゴム，芯研ぎ器，製図用文鎮，マグネットプレート，製図用ペン（ニードルペン）などがある（図1－16～図1－18）。

1.4 製図用具

図1-16 製図用テープとブラシ

図1-17 芯研ぎ器

図1-18 ニードルペン

1.4.2 製図機械

(1) 製図機械

製図機械とは，T定規，三角定規，分度器，スケールなどの機能をもった機械で，X軸とY軸が追従する平行運動機構をもつトラック式が一般に用いられている（図1-19）。

(2) CADシステム

CADは，コンピュータの支援によって図面を作成するシステムで，パターン設計・製図，電子部品データからデータを流用する図面作成に強い威力を発揮する（図1-20）。

図1-19 トラック式製図機械の例
（出所：武藤工業株式会社）

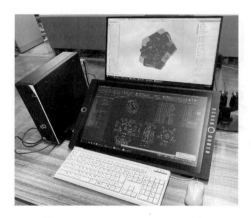
図1-20 CADシステムの例

1.5 文字と線

　ここでは，製図に用いる文字や線について述べる。特に，手書きで図面を描く場合もこれに準じて描くのが望ましい。

1.5.1 文　　字

　図面に用いる文字及び文章は，JIS Z 8313 に規定されており，文字は漢字，平仮名，片仮名，ラテン文字，数字などが使用される。次のとおり，それぞれに大きさや書体などが決められている。

(1) 文字の大きさ

　製図に用いる文字は，高さが規定されており，文字高さとは，一般に文字の外側輪郭が収まる基準枠の高さhによって表す。高さは，漢字が 3.5, 5, 7, 10 mm の 4 種類，それ以外の仮名，数字，ラテン文字及び記号は，2.5, 3.5, 5, 7, 10 mm の 5 種類である。ただし，特に必要がある場合には，この限りではない（図 1 − 21，図 1 − 22）。小文字の高さは，文字高さの比率 0.7 を基本とし，後述する A 形書体については，文字高さの（10/14）h となる。
　また，表 1 − 3 に文字間のすきまや太さなど各種寸法について示す。

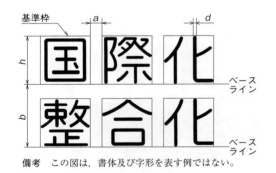

図 1 − 21　基準枠と文字の大きさ
（JIS Z 8313 − 10 : 1998）

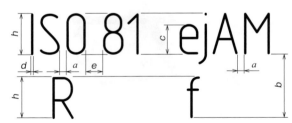

図 1 − 22　ラテン文字と数字の大きさ
（JIS Z 8313 − 1 : 1998）

表 1 − 3　文字の各種寸法

	漢　字	仮　名	A 形書体	B 形書体
文字の線の太さ（d）	(1/14) h	(1/10) h	(1/14) h	(1/10) h
文字のすきま（a）	2d 以上		2d 又は (2/14) h	
ベースラインの最小ピッチ（b）	(14/10) h		(20/14) h	(14/10) h

1.5 文字と線

書体については，漢字・仮名は，機械彫刻用標準書体（漢字：JIS Z 8903，片仮名：JIS Z 8904，平仮名：JIS Z 8906）に準じている。ラテン文字，数字及び記号は，A 形書体，B 形書体が多く用いられる。文字は，図 1 − 23 のように直立体と右へ 15°傾けた斜体があるが，図面には混用してはならない。ただし，量記号は斜体，単位記号は直立体と定められている。

図 1 − 24 に各種文字例を示す。

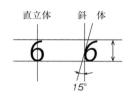

図 1 − 23　直立体と斜体 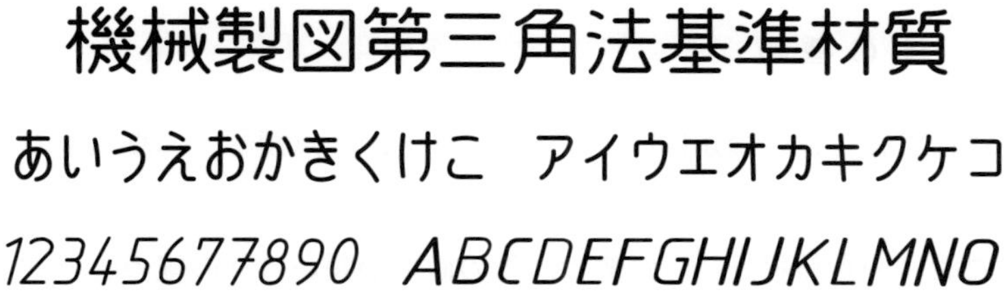　　　　　　図 1 − 24　各種文字例

(2) 文章表現

図面中に文章を書く必要がある場合は，次のことに注意しなければならない。

① 口語体で左横書きとする。
　　なお，必要に応じて，分かち書きとする。
② 図面注記は，簡潔明瞭に書く。
③ 漢字は常用漢字表の漢字を用いる。ただし，16 画以上の漢字はできる限り仮名書きとする。
④ 仮名は平仮名又は片仮名のいずれかを用い，混用してはならない。ただし，外来語，動物名，注意を促す用語の表記は，片仮名を使用する。
⑤ 他の仮名に小さく添える拗音（「ゃ」「ゅ」「ょ」），及びつまる音の促音（「っ」）などの小書きの大きさは，文字高さに対して比率を 0.7 にする。
⑥ ラテン文字，数字，記号などの文字で誤りやすい文字（表 1 − 4）は，特に注意して書く。
⑦ 日本語と英語を併記するときは，日本語を最初に書く。
⑧ CAD による文字入力では，文字の書体は特に規定されていない。ただし，漢字・仮名は全角，ラテン文字・数字は半角を用いるのがよい。

表 1 − 4　誤りやすい文字の例

アラビア数字		ラテン文字				片仮名			
1	7	B	8	b	6	ケ	ク	ホ	木
2	Z, 乙	D	0	d	a	ス	ヌ	ム	△
3	8	I	1	e	l	ソ	ン	ユ	コ
4	チ	S	5, 8	f	ナ	ツ	シ	リ	ソ
5	S	U	V	g	9	テ	チ	ワ	ク
8	B	Z	2, 乙	q	9	ナ	メ		

— 23 —

第1章　機械製図の基礎事項

1.5.2　線

　図面に用いる線は，明確にはっきりと濃く描き，その濃度及び太さが一定していなければならない。線は，太さや形によって種類があり，用途ごとに異なるが，一つの図面内では，同一の種類，同一の目的の線は，それぞれ太さが同じになるようにしなければならない。

(1)　線 の 種 類

　図面に描く線の種類は，主に実線，破線，一点鎖線，二点鎖線の4種類がある。線の長さや間隔は表1-5のとおりである。

　なお，一点鎖線，二点鎖線は，線の両端が長いほうの線の要素になるように描く。

表1-5　線の断続形式による種類

呼び方	線の形状	線の要素の長さ
実線	———————	
破線	- - - - - - - - - - -	12d　3d
一点鎖線	—— - —— - ——	24d　3d 6d 3d
二点鎖線	—— ·· —— ·· ——	24d　3d 6d 3d 6d 3d

注) *d* は線の太さを示す。

(2)　線 の 太 さ

　図面に描く線の太さは，細線，太線及び極太線の3種類があり，太さの比率は1：2：4とする（表1-6）。線の太さは，0.13，0.18，0.25，0.35，0.5，0.7，1，1.4，2mmの9種類がある。実用的には，細線は0.25〜0.35mm，太線は0.5〜0.7mmを用いる。

　また，同一図面では，線の種類ごとに太さを揃える。

表1-6　同一図面内における線の太さの組み合わせの例

[単位：mm]

細　線	太　線	極太線
0.18	0.35	0.7
0.25	0.5	1
0.35	0.7	1.4
0.5	1	2

— 24 —

1.5 文字と線

(3) 線の種類と用途

表1－7に線の種類，用途，図1－25に線の用法の図例を示す。

表1－7　線の種類及び用途（JIS B 0001：2019）

用途による名称	線の種類[2]		線の用途
外形線	太い実線	————	対象物の見える部分の形状を表すのに用いる。
寸法線	細い実線	——————	寸法記入に用いる。
寸法補助線			寸法を記入するために図形から引き出すのに用いる。
引出線（参照線を含む）			記述・記号などを示すために引き出すのに用いる。
回転断面線			図形内にその部分の切り口を90°回転して表すのに用いる。
中心線			図形の中心線を簡略化して表すのに用いる。
かくれ線	細い破線又は太い破線	- - - - - - - - -	対象物の見えない部分の形状を表すのに用いる。
中心線	細い一点鎖線	— — — —	a）図形の中心を表すのに用いる。 b）中心が移動する中心軌跡を表すのに用いる。
基準線			特に位置決定のよりどころであることを明示するのに用いる。
ピッチ線			繰返し図形のピッチをとる基準を表すのに用いる。
特殊指定線	太い一点鎖線	━━·━━·━	特殊な加工を施す部分など特別な要求事項を適用すべき範囲を表すのに用いる。
想像線[1]	細い二点鎖線	— — — —	a）隣接部分を参考に表すのに用いる。 b）工具，ジグなどの位置を参考に示すのに用いる。 c）可動部分を，移動中の特定の位置又は移動の限界の位置で表すのに用いる。 d）加工前又は加工後の形状を表すのに用いる。 e）繰返しを示すのに用いる。 f）図示された断面の手前にある部分を表すのに用いる。
重心線			断面の重心を連ねた線を表すのに用いる。
破断線	不規則な波形の細い実線又はジグザグ線	〜〜	対象物の一部を破った境界，又は一部を取り去った境界を表すのに用いる。
切断線	細い一点鎖線で，端部及び方向の変わる部分を太くしたもの[3]		断面図を描く場合，その断面位置を対応する図に表すのに用いる。
ハッチング	細い実線で，規則的に並べたもの	/////	図形の限定された特定の部分を他の部分と区別するのに用いる。例えば，断面図の切り口を示す。
特殊な用途の線	細い実線	——————	a）外形線及びかくれ線の延長を表すのに用いる。 b）平面であることをX字状の2本の線で示すのに用いる。 c）位置を明示又は説明するのに用いる。
	極太の実線	▬▬▬	圧延鋼板，ガラスなど薄肉部の単線図示をするのに用いる。

注(1)　想像線は，投影法上では図形に現れないが，便宜上必要な形状を示すのに用いる。
　　　　また，機能上・加工上の理解を助けるために，図形を補助的に示すためにも用いる（例えば，継電器による断続関係付け）。
　(2)　そのほかの線種は，JIS Z 8312又はJIS Z 8321によるのがよい。
　(3)　他の用途と混用のおそれがない場合には，端部及び方向の変わる部分を太い線にする必要はない。

— 25 —

第1章 機械製図の基礎事項

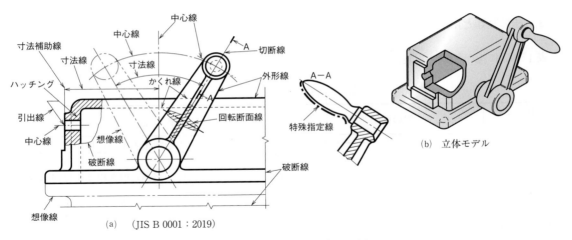

図1－25 線の用法の図例

(4) 線の優先順位

図面で2種類以上の線が同じ場所に重なる場合には，次に示す線の優先順位に従って描く（図1－26）。

① 外形線
② かくれ線
③ 切断線
④ 中心線（基準線）
⑤ 重心線
⑥ 寸法補助線

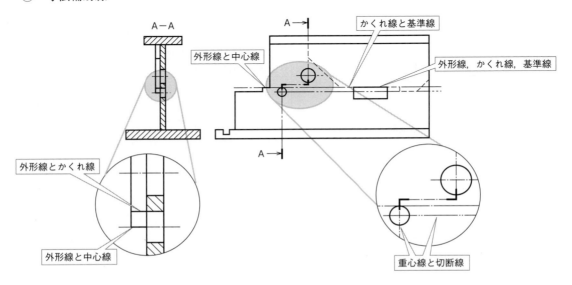

図1－26 線の優先順位（JIS B 0001：2019を一部改変）

－26－

1.5 文字と線

⑸ 線の引き方

　線は，図面を描く上で，見栄えに非常に影響するだけでなく，マイクロフィルムによる撮影や複写が可能かどうかに関わるため，均一な太さで，明確な線を描く必要がある。破線や鎖線は，長さと間隔をそれぞれ一定にし，太線と細線の太さがはっきり分かるように描かなければならない。

　表1-8を参考に，線の引き方について注意すべき箇所を意識して作図する。

表1-8　作図上の注意すべき箇所

	良い例	悪い例
実線の引き方		 太さが均一でない
かくれ線の引き方	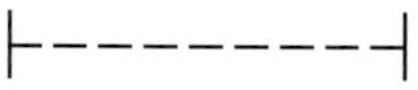	 外形線と離れている　間隔が均一でない
かくれ線の引き方（R形状）	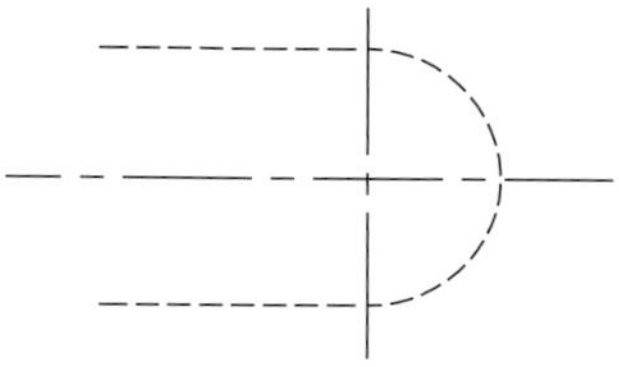	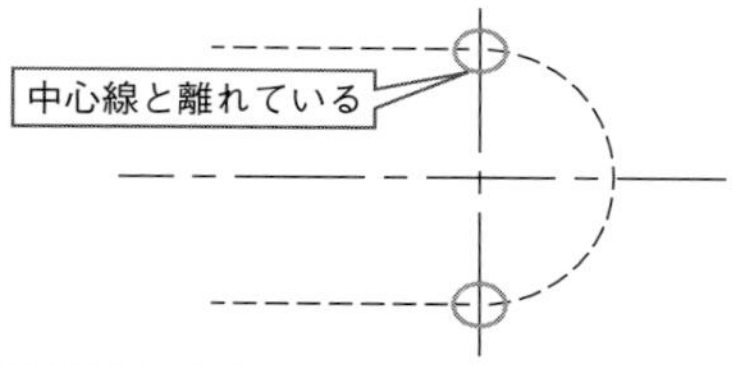 中心線と離れている
かくれ線の引き方（角部分）	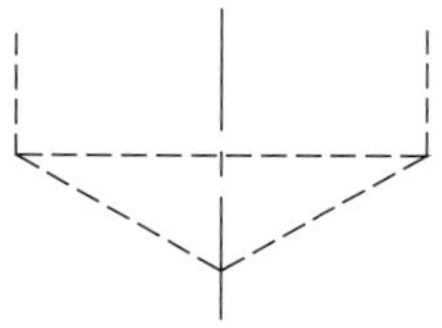	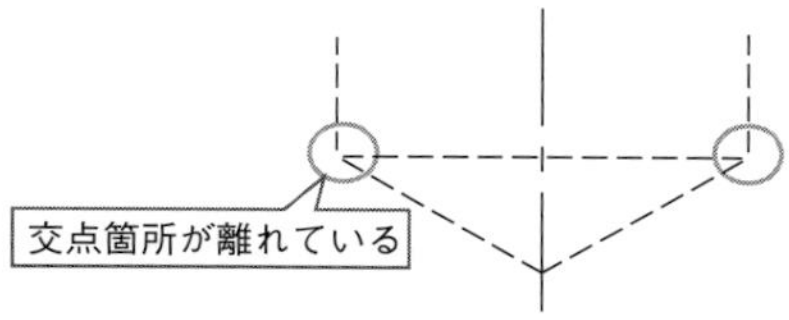 交点箇所が離れている
かくれ線の引き方（接円部）	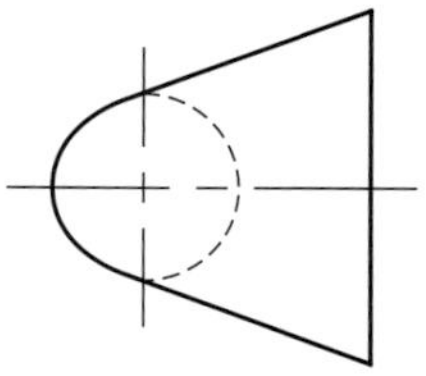	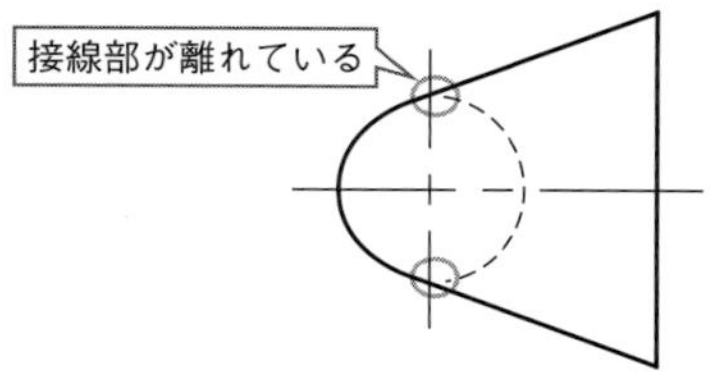 接線部が離れている
中心線の引き方	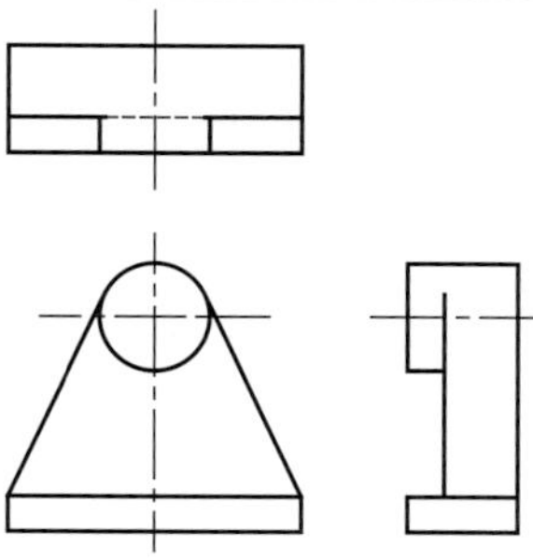	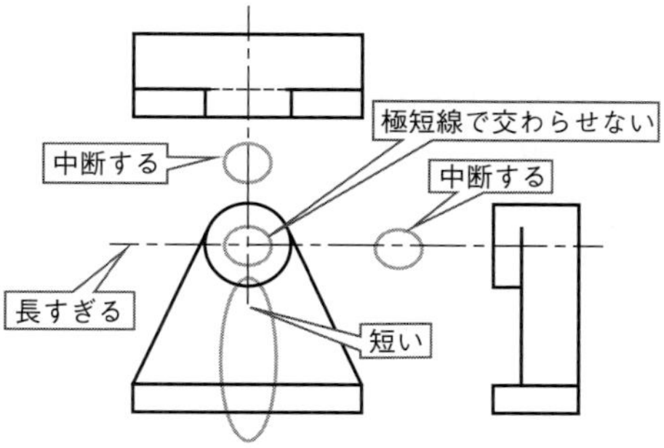 極短線で交わらせない　中断する　中断する　長すぎる　短い

注）中心線が必要な形体は，最後まで引く。

－27－

第1章　機械製図の基礎事項

第1章　章末問題

[1]　「製図」と「図面」の違いについて，説明せよ。

[2]　次の図面の名称の説明として正しいものを，a〜eから選べ。

① 外観図　　　（　　）　　　a．フリーハンドで描かれた図面

② 製作図　　　（　　）　　　b．製造に必要なすべての情報を示す図面

③ スケッチ図　（　　）　　　c．構造物における管の接続・配置の実態を示す系統図

④ 部品図　　　（　　）　　　d．梱包，輸送，据え付け条件を決定する際に必要となる対象

⑤ 配管図　　　（　　）　　　　　物の外観形状，全体寸法，質量を示す図面

　　　　　　　　　　　　　　　e．これ以上分解できない単一部品を示す図面

[3]　文字と線に関する内容について，次の（　　）内に入る適切な数字を答えよ。

① 文字や記号の文字高さは，（　a　），3.5，（　b　），7，10 mm の5種類（漢字の場合は，3.5，（　b　），7，10 mm の4種類）である。

② 小文字の高さは，文字高さに対して比率（　　）にする。

③ 製図に用いる線の太さの比率は，細線：太線 = 1：（　　）である。

④ 線の太さは，0.13，0.18，（　a　），0.35，（　b　），0.7，1，1.4，2 mm の9種類である。

⑤ 破線のすきまは，線の太さを 0.35 mm としたとき，約（　　）mm あける。

[4]　次の線に関する語句の説明として正しいものを，a〜eから選べ。

① 外形線　　　（　　）　　　a．対象物の見えない部分の形状を表すために用いる線

② 中心線　　　（　　）　　　b．断面図を描く場合の断面位置を表すために用いる線

③ 寸法線　　　（　　）　　　c．図形の中心を表すために用いる線

④ かくれ線　　（　　）　　　d．対象物の見える部分の形状を表すために用いる線

⑤ 切断線　　　（　　）　　　e．寸法記入に用いる線

[5]　図面で2種類以上の線が重なる場合に，描く線の優先順位を（　　）内に記入せよ。

① 外形線　　　　（　　）

② 重心線　　　　（　　）

③ かくれ線　　　（　　）

④ 中心線　　　　（　　）

⑤ 寸法補助線　　（　　）

⑥ 切断線　　　　（　　）

— 28 —

［6］ 次の漢字・数字を枠内に書け。

機械製図第三角法　　注記指示寸公差

直径尺度基準面　　　名称材質幾何単

1234567890

［7］ 次の線を同じ太さ・割合で描け。

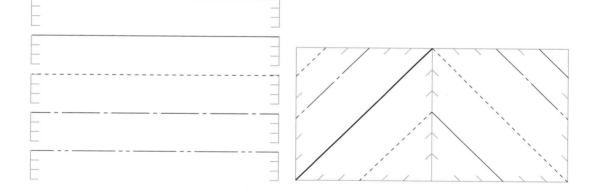

[8] 下図の①〜⑨に用いる線の名称を，ア〜コから選べ。

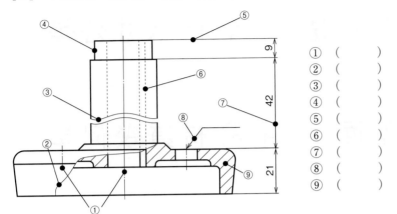

① (　　)
② (　　)
③ (　　)
④ (　　)
⑤ (　　)
⑥ (　　)
⑦ (　　)
⑧ (　　)
⑨ (　　)

ア：外形線
イ：寸法線
ウ：寸法補助線
エ：引出線
オ：ハッチング
カ：かくれ線
キ：切断線
ク：破断線
ケ：想像線
コ：中心線

第2章
投影法

2.1 立体画法

2.1.1 投影法とその種類

図2-1において，透明な平面Xとこれに平行な平面Yの間に，線分AB（鉛筆のような長い物体）があるとする。今，眼の位置を変えることによって平面X，平面Yに写る線分ABがいろいろな長さに見える。このように，視点から対象物を直線的に見て，平面上に描いたものを**投影図**という。

線分ABのことを**対象物**，平面のことを**投影面**，視点と対象物の各点を結び，対象物の形を投影面に写し出すための線のことを**投影線**という。ab，a′b′ のように投影線が平行で，投影面に直角な投影を**正投影**という。cd，c′d′ のように投影線が平行ではあるが，投影面に斜めになる投影を**斜投影**という。ef，e′f′ のように投影線が一点に集まる投影を**透視投影**という。

次に，順に各投影法の要点を述べる。

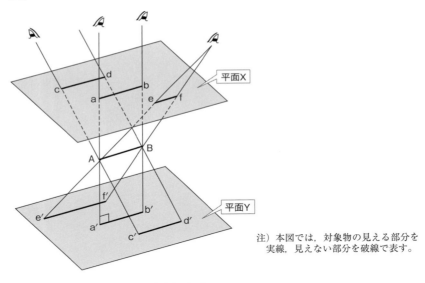

注）本図では，対象物の見える部分を実線，見えない部分を破線で表す。

図2-1 投影の概念

2.1.2 正投影，第三角法と第一角法

図2-2及び図2-3のように，平面を直交させると空間は四つに区切られる。0°から90°までの間を第一象限（第一角）といい，順に第二象限（第二角），第三象限（第三角），第四象限（第四角）という。この場合の平面を投影面と考え，水平面を平画面（HP：Horizontal Plane），垂直面を立画面（VP：Vertical Plane）という。

また，必要に応じて，この両方に直交する側画面（SP：Side Plane）を用いることがある。

— 32 —

2.1 立体画法

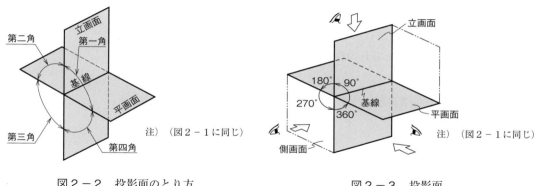

図2-2　投影面のとり方　　　　　図2-3　投影面

(1) 第三角法

正座標系の第三象限に置いた対象物を図2-4(a)のように投影面に投影し，立画面をそのままに平画面，側画面を展開すると，同図(b)のようになる。立画面，平画面，側画面に投影された図を正面図（主投影図），平面図，側面図という。背面図は，水平方向に描く場合，左右どちらに描いてもよい。このような投影法を**第三角法**という。

この場合には，図2-5に示す投影法の記号を，表題欄又はその近くに示す。

本書では，立体画法の説明は，第三角法による。

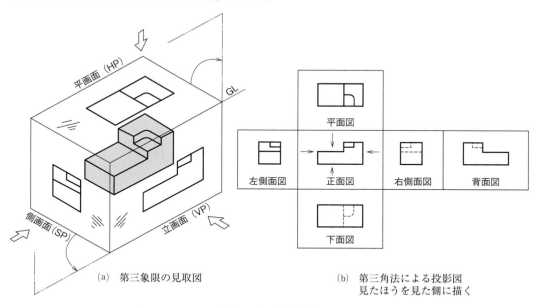

(a) 第三象限の見取図　　　　(b) 第三角法による投影図
　　　　　　　　　　　　　　　見たほうを見た側に描く

図2-4　第三角法

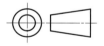

図2-5　第三角法の記号（JIS Z 8315-2：1999）

— 33 —

(2) 第一角法

第一象限に対象物を置いた場合の投影を**第一角法**といい，図2−6(b)のように，第三角法とは配列が反対になる。

この場合には，図2−7に示す投影法の記号を，表題欄又はその近くに示す。

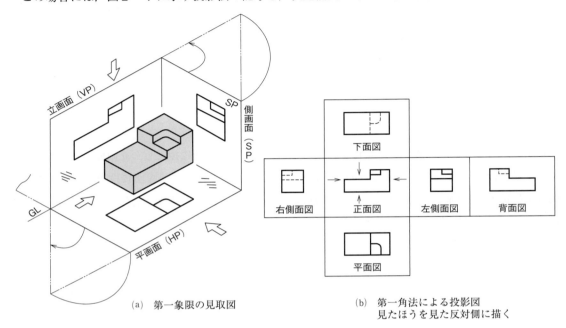

(a) 第一象限の見取図

(b) 第一角法による投影図
　　見たほうを見た反対側に描く

図2−6　第一角法

図2−7　第一角法の記号（JIS Z 8315 − 2：1999）

(3) 矢 示 法

第一角法及び第三角法の厳密な形式に従わない投影図によって示す場合は，矢印を用いて様々な方向から見た投影図を任意の位置に配置することができる。これを矢示法という。

主投影図以外の各投影図は，その投影方向を示す矢印及び識別のために大文字のラテン文字で指示する。その文字は，投影の向きに関係なくすべて上向きに明瞭に書く。

指示された投影図は，主投影図に対応しない位置に配置してもよい。投影図を識別するラテン文字の大文字は，関連する投影図の真下か真上のどちらかに置く。1枚の図面の中では，参照は同じ方法で配置する。そのほかの指示は，必要ない（図2−8）。

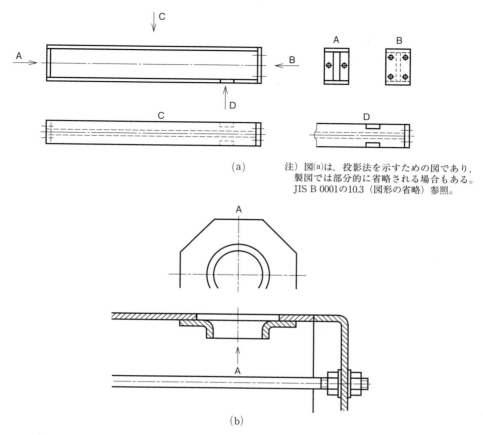

図2-8 矢示法の例 (JIS B 0001：2019)

2.1.3 軸測投影

　軸測投影は，単一の平面上における対象物の**平行投影**である（JIS Z 8114：1998，図2-9）。この場合，立方体の互いに直行する三辺 X，Y，Z の各座標軸のなす角（交角）の関係によって，次の3種類の投影図が描ける。

　①　交角がすべて等しい投影を等角投影という（図2-10）。
　②　二つの交角が等しい投影を二等角投影という（図2-11(a)）。
　③　交角がすべて等しくない投影を不等角投影という（同図(b)）。

　軸測投影図では，正面図など一つの投影図だけでその品物の形を理解させることができるので，単面投影ともいう。等角投影図は描きやすいため，テクニカルイラストレーションとしてカタログや解説書などに盛んに使用されている。

　これに対して，図2-10(b)のように，X，Y，Z 方向に実長で描いたものを**等角図**といい，等角投影図と区別している。これは，同図(a)において，立方体の稜線の長さを1.0とした場合，投影図の稜

線の長さは 0.82，XY 平面上の楕円の長軸は 1.0 となる。

図 2 − 10(b)のように投影図の稜線の長さを 1.0 とすると XY 平面上の楕円の長軸は，$\frac{1}{0.80} = 1.22$ 倍になる。そのため等角図で描くには，楕円テンプレートのサイズを一般の等角投影図用のサイズより 1.22 倍に拡大した大きなサイズが必要になる。

図 2 − 12 は，正投影図で表したものを等角図で示した例である。図 2 − 13 には，コンパスによる等角図と軸測投影図の近似楕円の描き方を示す。

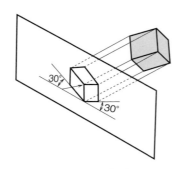

図 2 − 9　軸測投影①　等角投影図の例（JIS B 8114：1999）

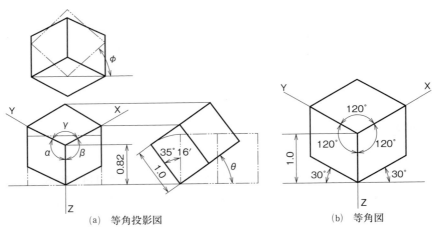

(a) 等角投影図　　　　　(b) 等角図

図 2 − 10　軸測投影②

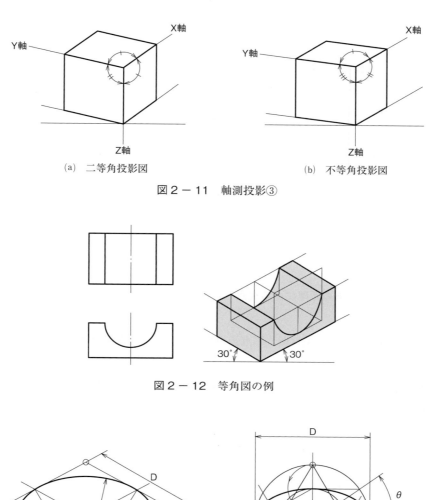

(a) 二等角投影図　　　(b) 不等角投影図

図2-11　軸測投影③

図2-12　等角図の例

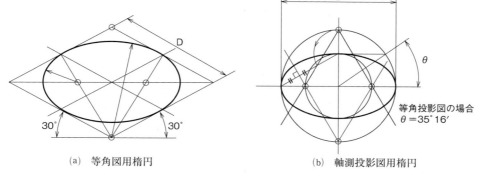

(a) 等角図用楕円　　　(b) 軸測投影図用楕円

図2-13　近似楕円の描き方

2.1.4　斜　投　影

　図2-14(a)のように，投影線が投影面を斜めによぎる平行投影によって，一つの投影面で表すこ とも単面投影といえる。キャビネット図（同図(b)）は，3軸のうちY軸とZ軸は実長で表し，X軸 は一般に実長の2分の1で表して，水平軸に45°傾ける。

　カバリエ図（同図(c)）は，3軸とも実長で，X軸は水平軸に45°傾けて描くことが一般的である。

第2章 投影法

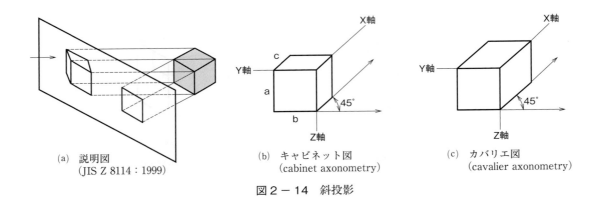

(a) 説明図
(JIS Z 8114：1999)

(b) キャビネット図
(cabinet axonometry)

(c) カバリエ図
(cavalier axonometry)

図2－14 斜投影

2.1.5 透視投影

透視投影は，投影面からある距離にある視点と対象物の各点とを結んだ投影線が投影面をよぎる投影である（図2－15(a)）。

同図(b)～(d)のように，一点透視投影，二点透視投影，三点透視投影などがあり，建築物の見取図に多く用いられる。

なお，視点の位置を水平線より上側にとった一点透視図を，鳥かん（瞰）図，下側にとった一点透視図を仰かん図という。

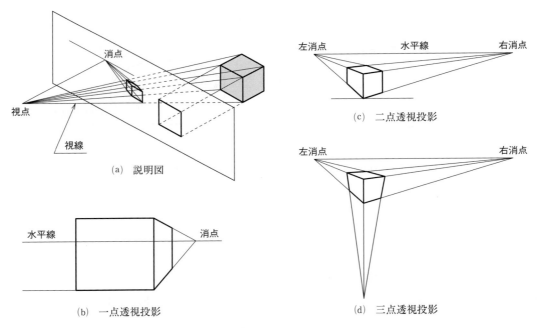

図2－15 透視投影（JIS Z 8114：1999）

第2章 章末問題

[1] 見取図（等角図）と3投影図を比較し，不足している線を補って完全な投影図を完成させよ。

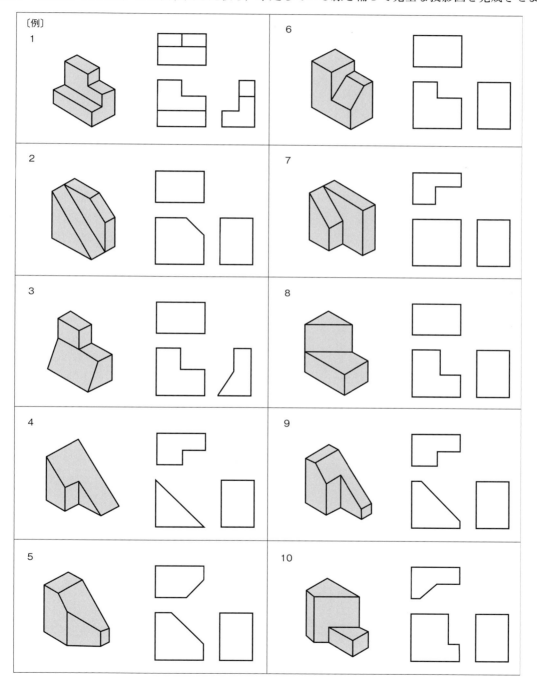

第3章
図形の表し方

3.1 図面の様式

3.1.1 図面の大きさと様式

(1) 用紙サイズ

紙の大きさは，JIS B 0001：2019 で規定されており，幅と長さとの比は $1:\sqrt{2}$ で，面積はA列0番で約 $1\,\text{m}^2$ である。図面に用いる用紙のサイズは，表 3-1 に示すように，**A列サイズ**で A0〜A4 を用いる。それ以上の大きさが必要な場合は，**特別延長サイズ**（第2優先，第3優先）を用いる。

なお，製図用紙は，長辺を横方向にして用いるが，A4 に限り縦方向で用いてもよい。

図面には，同表に示す寸法により，輪郭線（太さ 0.5 mm 以上の実線）を描く。図面をとじる場合は，穴あけのためのとじ代（幅 20 mm）を用紙の左側に設ける。

表 3-1 製図用紙のサイズと図面の輪郭（JIS B 0001：2019 参照）

用紙サイズ （第1優先）		延長サイズ （第2優先）		延長サイズ （第3優先）		c（最小） （とじない場合 c = d）	d（最小） とじる場合
呼び方	寸法 a×b	呼び方	寸法 a×b	呼び方	寸法 a×b		
A0	841 × 1189	−	−	A0 × 2	1189 × 1682	20	20
				A0 × 3	1189 × 2523		
A1	594 × 841	−	−	A1 × 3	841 × 1783		
				A1 × 4	841 × 2378		
A2	420 × 594	−	−	A2 × 3	594 × 1261		
				A2 × 4	594 × 1682		
				A2 × 5	594 × 2102		
A3	297 × 420	A3 × 3	420 × 891	A3 × 5	420 × 1486	10	
		A3 × 4	420 × 1189	A3 × 6	420 × 1783		
		−	−	A3 × 7	420 × 2080		
A4	210 × 297	A4 × 3	297 × 630	A4 × 6	297 × 1261		
		A4 × 4	297 × 841	A4 × 7	297 × 1471		
		A4 × 5	297 × 1051	A4 × 8	297 × 1682		
		−	−	A4 × 9	297 × 1892		

注）図面をとじるために折りたたんだとき，d は，表題欄の左側に設ける。A4 を横置きで使用する場合には，上側になる。

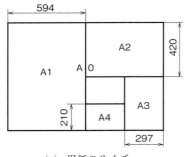

(a) 用紙のサイズ

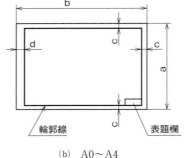

(b) A0〜A4　　　(c) A4

(2) 図面の様式

JISには，製図用紙について，次の事項が規定されている（図3－1，図3－2）。

① 輪郭及び輪郭線　　　：図面の，図を描く領域と輪郭との境界線
② 比較目盛（＊）　　　：図面を拡大・縮小した場合に，その程度を知るために設ける目盛
③ 中心マーク　　　　　：図面を撮影，複写するときに使用する図面各辺の中央に設ける印
④ 方向マーク（＊）　　：製図用紙の向きを示すための印
⑤ 裁断マーク（＊）　　：複写図を裁断するときの便宜のために設ける印（原図のみ）
⑥ 格子参照方式（＊）　：図面の区域を表示するための方式
⑦ 表題欄　　　　　　　：図面の管理上必要な事項を記入する欄

このうち＊印については，任意である。

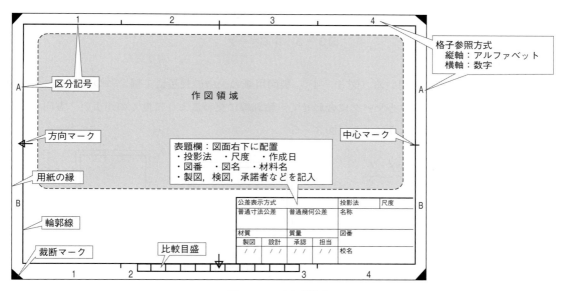

図3－1　図面様式

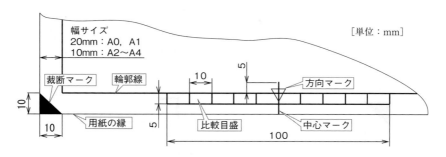

図3－2　比較目盛，方向マーク，中心マーク，裁断マーク

第3章　図形の表し方

a　比較目盛

比較目盛は，拡大・縮小したときの確認などに使うために設ける。すべての図面上に，目盛を10 mm 間隔に付け，数字の記載のない比較目盛（長さは最小 100 mm）を備えることが望ましい。

また，比較目盛は，輪郭内で輪郭線の近くで，中心マークで対称となるように，幅は最大5 mm にして設ける。目盛の線は，太さが最小 0.5 mm の直線とする（図3－2）。

b　中心マーク

図面の撮影や複写などを行う際，作業の便宜を図るために，図面に**中心マーク**を設けなくてはならない（図3－3）。中心マークは，裁断された用紙の2本の対称軸線の両端に，用紙の端から輪郭線の内側約5 mm の位置まで，太さ 0.5 mm 以上の実線で設ける（図3－2）。

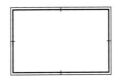

図3－3　中心マーク

c　方向マーク

方向マークには，矢印を用いる（図3－4）。製図用紙の一つの長辺に1個，一つの短辺に1個の方向マークを，それぞれの中心マークに合わせて，輪郭線に交わるように置くのがよい。方向マークの一つが常に製図者を指すようにする（図3－5）。

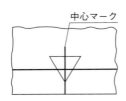
図3－4　方向マーク

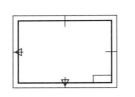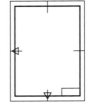
図3－5　方向マークの位置

d　裁断マーク

裁断マークは，複写図を裁断する際に便利なように，裁断された用紙の4隅の輪郭内に設けるもので，2辺の長さが約 10 mm の直角二等辺三角形にする（図3－6）。ただし，自動裁断機によって，三角形の形状で不都合が生じる場合には，太さ2 mm の2本の短い直線にしてもよい（図3－7）。

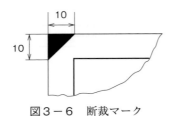
図3－6　断裁マーク

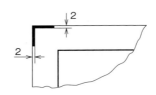
図3－7　断裁マーク（代わりの方法）

e 格子参照方式

格子参照方式とは，図面上の特定領域を示すために区分記号を用いて表示する方法である（図3－8）。図面を分割する数は，偶数とし，図面の複雑さに応じて選ぶ。格子部分の長方形は，各辺の長さを25～75 mmにするのがよい。格子の線の太さは，最小0.5 mmの実線とする。

区分記号は，用紙の一つ辺に沿ってラテン文字の大文字，片方が数字を用いる。記入する文字・数字の順番は，表題欄の反対側の隅から始まるようにし，対辺にも同じ記入をする。

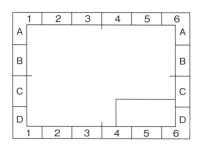

図3－8 区分記号の表示

f 表題欄

表題欄は，図面に必ず設ける必要がある。通常，図面の右下隅に設けて，必要事項を記入する（図3－9，図3－10）。表題欄の形式は，規定されていないため，企業などの各組織で形式が異なる。

一般に，投影法には第三角法を用いる。

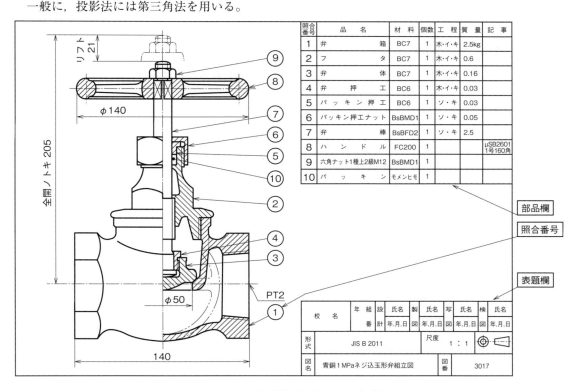

図3－9 表題欄・部品表・照合番号

表題欄の記入事項例
○投影法　○尺度　○図面番号（図番）　○図名　○材料名
○作成年月日　○製図者　○設計担当者　○検図者　○承認者　○企業名

図３－10　表題欄の記入事項例

g　部　品　欄

部品欄には，その図面に含まれている部品の照合番号などを記入する（図３－11)。部品表の形式や位置は，決まっていないが，一般に図面の右上隅か右下隅に設ける。右下に設けた場合は，表題欄に付けて，下から上へと書き上げる。

部品欄の記入事項例
○照合番号：部品の番号を記入
○品　　名：部品の名称を記入
○材　　料：部品の材料を材料記号又は，規定のないときは材料名で記入
○個　　数：品物の必要数量を記入
○工　　程：部品を加工する工程を次のような略記号で記入
（例）イ：鋳造　キ：機械　木：木型　仕：仕上げ　ソ：倉庫
　　　タ：鍛造　ヌ：塗装　カ：製缶　ネ：熱処理　ヨ：溶接
○質　　量：完成品の質量を記入［kg］
○記　　事：参照すべき規格番号，熱処理作業に関する記事

図３－11　部品欄の記入事項例

h　照合番号（部品番号）

機械は，数多くの部品から組み立てられ，個々の部品に**照合番号**が付けられており，その番号で部品を表し，整理する。

また，照合番号は，組立図との関連が分かるように，組み立て順序や構成部品の重要度によって付けられる。照合番号の記入方法は，次のとおりである（図３－12)。

① 照合番号は，明確に区別するため番号を円で囲む。囲む円は，引出線の延長上に中心を置いて描く。円の大きさは，図面の大小によって異なるが，同一図面内では同じ大きさにする。

図３－12　照合番号の表し方

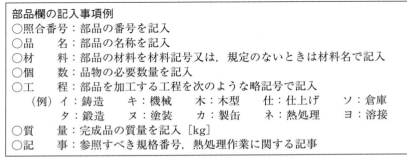

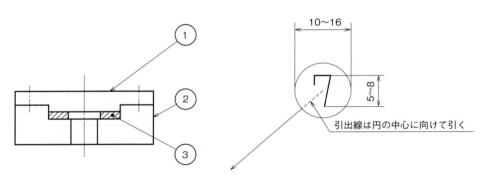

② 照合番号は，対象とする図形に引出線で結んで記入する。引出線は，原則として斜めに引き出し，互いに交差しないようにする。引き出した側は，形状を表す線から引き出すときは矢印，形状の内側から引き出すときは黒丸を付ける。

③ 照合番号は，なるべく水平又は垂直に揃えて配列する。

i 図面の折り方

原図は，通常，折りたたまない。複写した図面を折りたたむ場合には，その大きさを原則として 210 × 297 mm（A4 サイズ）とするのがよい（図 3 − 13）。

原図を巻いて保管する場合には，その内径は 40 mm 以上にするのがよい。

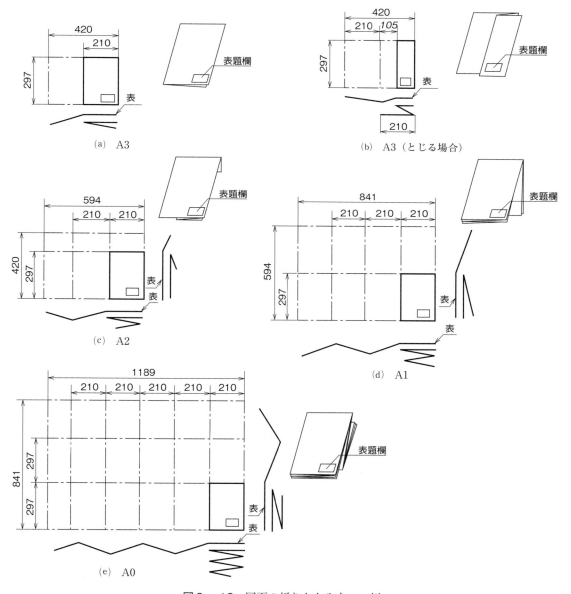

図 3 − 13 図面の折りたたみ方の一例

3.1.2 尺　　　度

尺度は，図面に描く図形の大きさと対象物の大きさとの割合を示すもので，図形の長さAと対象物の長さBとの比A：Bで表す。尺度には，対象物と同じ大きさで描く「**現尺**」，対象物より拡大して描く「**倍尺**」，対象物より小さく描く「**縮尺**」の三つがあり，JISでは表3－2のように定めている。

尺度は，対象物の形状に応じて使い分けるが，**推奨尺度**で描けない場合は，中間の尺度（JIS Z 8314の附属書1に規定されている）で描くのがよい。

表3－2　JISの推奨尺度（JIS Z 8314：1998）

尺度の種類	推奨尺度 （A：B）
倍尺	50：1　　20：1　　10：1　　5：1　　2：1
現尺	1：1
縮尺	1：2　　1：5　　1：10　　1：20　　1：50　　1：100　　1：200 1：500　　1：1000　　1：2000　　1：5000　　1：10000

尺度は，表題欄に記入する。同一図面内にいくつかの異なった尺度を用いる場合には，主となる尺度だけを表題欄に示し，そのほかの尺度は，関係する図形の近くに尺度を示す（図3－14）。

なお，図形が寸法に比例しない場合は，「非比例尺」と明記する。

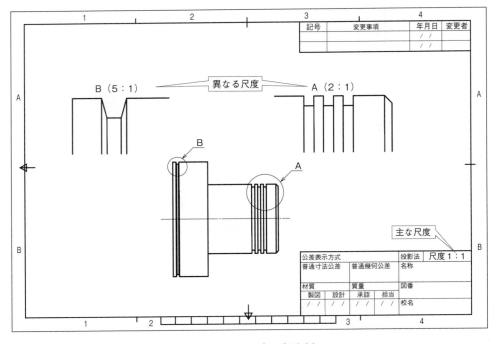

図3－14　尺度の記入例

— 48 —

3.2 図形の表し方及び配置

　図形を選ぶには，対象物の図形の特徴を最もよく表す面を**主投影図**（正面図）に選び，主投影図だけでは表すことができないところを側面図，平面図（補足の投影図）などで補う。

　機械製図の図形の表し方について，JIS に記されている事項をよく理解し，適切な主投影図を選定することが重要である。

　投影図の表し方の一般事項は，次のとおりである。

① 最も対象物の情報を与える投影図を，主投影図（正面図）とする。
② 他の投影図（断面図を含む）が必要な場合，投影図や断面図は，不確かさが生じないように，完全に対象物を定めるのに必要で十分な数とする。
③ 可能な限り，隠れた外形線やエッジを表現する必要がない投影図を選ぶ。
④ 不必要な細部の繰り返しを避ける。

3.2.1 主投影図

　一般に対象物の正面から見た図形は，例えば，自動車，飛行機ならば図3－15のように示す。しかし，この面が対象物の形状・機能を最も明瞭に表す面とは限らない。この場合，明瞭な図形として表すと，図3－16のように示す。この図を主投影図，又は正面図といい，主投影図を補足するために用いるほかの図を，**補足の投影図**という。

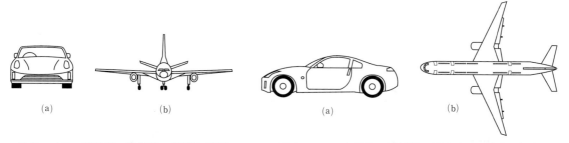

　　図3－15　自動車，飛行機の正面の図形　　　　図3－16　自動車，飛行機の明瞭な図（主投影図）

　主投影図の選び方は，対象物の形状・機能を最も明瞭に表す面とし，図面の目的に応じて，次のいずれかによる。

① 主として機能を表す図面では，対象物を使用する状態（図3－16）
② 加工のための部品図では，最も多い加工工程を基準として対象物を置いた状態（図3－17）
③ 特別な理由がない場合には，対象物を横長に置いた状態（図3－18）

第3章　図形の表し方

また，これら以外にJISで規定されてはいないが，フランジや歯車など慣習的に主投影図が決まっている部品もある（図3－19）。

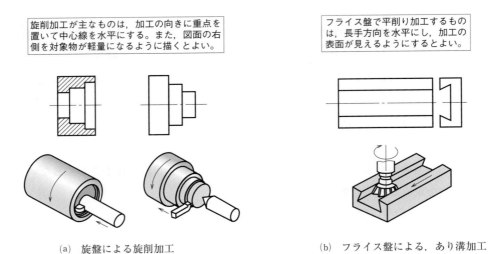

(a) 旋盤による旋削加工　　　(b) フライス盤による，あり溝加工

図3－17　加工工程による主投影図の選び方

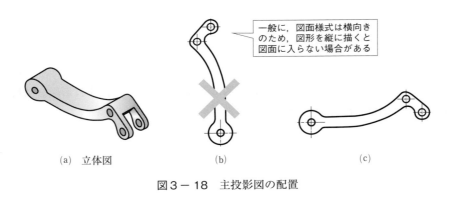

(a) 立体図　　　(b)　　　(c)

図3－18　主投影図の配置

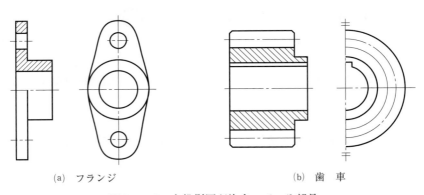

(a) フランジ　　　(b) 歯車

図3－19　主投影図が決まっている部品

3.2.2 補足の投影図と種類

主投影図を補足するほかの投影図は，できるだけ少なくする。図形の数は理解を妨げない限り最小限にすることが望ましいため，第4章4．2節で述べる**寸法補助記号**（φやtなど）を用いることによって，主投影図だけで表せる図面においては，ほかの投影図は描かない（図3－20，図3－21）。
また，関連する図の配置は，なるべくかくれ線を用いなくてもすむようにする（図3－22）。

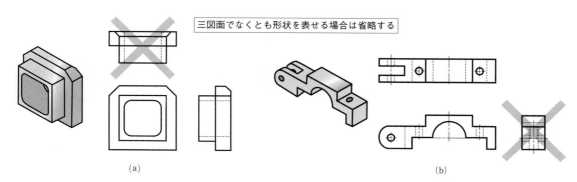

図3－20　二図面での表現

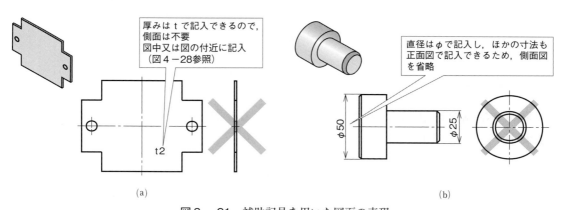

図3－21　補助記号を用いた図面の表現

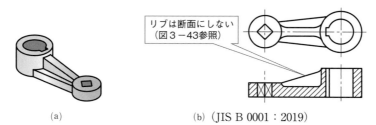

(a)　　　　　　　(b)（JIS B 0001：2019）

図3－22　関連する図の配置

(1) 部分投影図

図の一部を示すだけで十分な場合には，その必要な部分だけを**部分投影図**として表す。このとき，省いた部分との境界を**破断線**（細い実線）で示す。ただし，明確な場合には，破断線を省略してもよい（図3－23）。

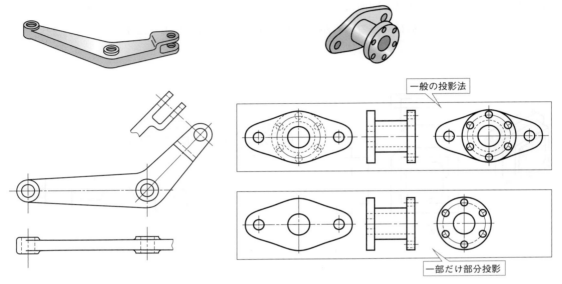

(a) 部分投影図の例（JIS Z 8114：1999）　　　(b) 部分投影図の例

図3－23　部分投影図

(2) 局部投影図

対象物の穴，溝など一局部だけの形を図示すれば足りる場合には，その部分だけを**局部投影図**として表す（図3－24，図3－25）。

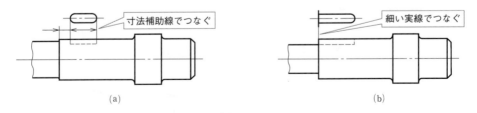

図3－24　局部投影図（キー溝の例）

3.2 図形の表し方及び配置

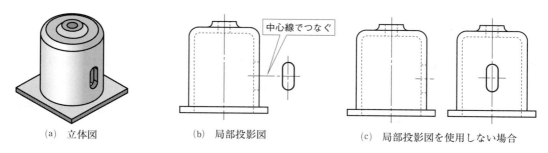

(a) 立体図　　(b) 局部投影図　　(c) 局部投影図を使用しない場合

図3-25　局部投影図による場合と，局部投影図を使用しない場合の比較

(3) **部分拡大図**

特定部分の図形が小さいために，その部分の詳細な図示や寸法記入ができないときに，その部分を別の個所に拡大する**部分拡大図**として表す。拡大したい個所を細い実線で囲み，かつ，ラテン文字の大文字で表示するとともに，拡大した図の近くに文字及び尺度を付記する（図3-26）。ただし，尺度を示す必要がない場合には，「拡大図」と付記してもよい。

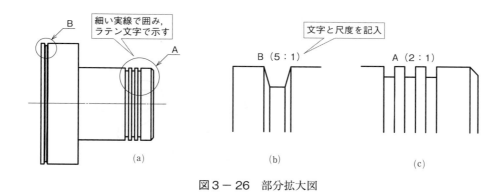

図3-26　部分拡大図

(4) **回転投影図**

図形がある角度をもっているために，正しく投影すると実形が分かりにくい場合には，その部分を回転して，実形を図示することができる（図3-27）。これを**回転投影図**という。

なお，見誤るおそれがある場合には，作図に用いた線を残す。

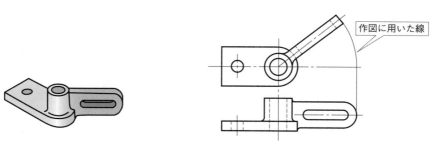

(a) 立体図　　　　(b) 見誤るおそれがある場合（JIS B 0001：2019）

図3-27　回転投影図

第3章　図形の表し方

(5)　補助投影図

補助投影図は，対象物の正座標系と異なる座標系に描いた投影図のことで，主に傾斜面の実形を図示する必要がある場合は，図3－28に示すように斜面に対向する位置に描く。

また，補助投影図を傾斜面に対向する位置に表すことができない場合は，矢示法を用いて，その旨を矢印とラテン文字（大文字）で表す（図3－29）。

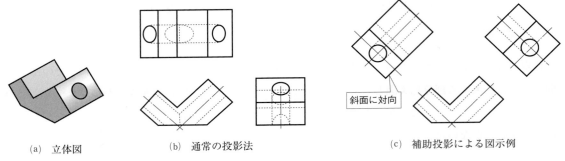

図3－28　補助投影図

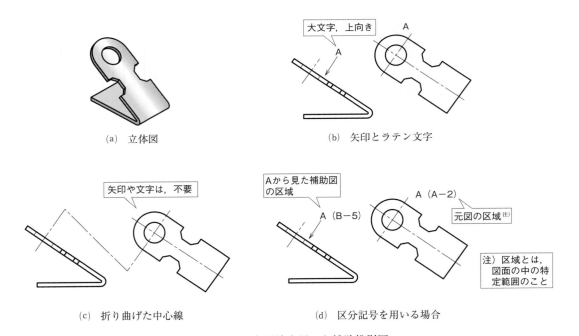

図3－29　矢示法を用いた補助投影図

3.3 断面図

　対象物の見えない部分の形状は，かくれ線で表すことができるが，複雑な形状では，かえって形状が分かりにくい図形になってしまう。このような場合，対象物の見えない部分を切断し，これを**切断面**とし，切断面の手前を取り除いて描くことで，内部を外形線で描いて，明確な図形として表すことができる。このような方法で描かれた図を，**断面図**という（図3－30）。

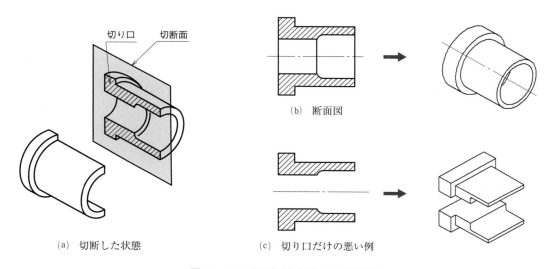

図3－30　切断面と切り口と断面図

3.3.1　断面図の表示

　断面図は，切断位置を示すため，図3－31のように両端及び切断方向の変わる部分を太くした細い一点鎖線と，投影方向を示す矢印及びラテン文字による識別記号を用いて指示する。
　また，断面図の切り口を示すために，**ハッチング**を施す場合がある。同じ切断上の同一部品には，同一のハッチングを施す。ただし，階段状切断面の場合は，その限りではない。
　ハッチングは，例えば，45°傾いた細い実線を，等間隔に引く（図3－32）。

第3章　図形の表し方

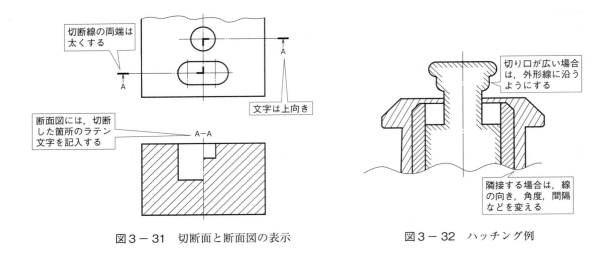

図3−31　切断面と断面図の表示　　　　　図3−32　ハッチング例

3.3.2　断面図の種類

JISでは，断面図を主に次のように規定されており，3.2.2項で紹介した補足の投影図と組み合わせて描くものもある。

(1) 全断面図

全断面図は，対象物を一平面の切断面で切断して描いた図であり，図3−33のように示す。同図のように，切断面の位置が明らかな場合には，切断線は記入しない。図3−34のように特定部分の形状を表す場合は，切断線によって切断位置を示す。この場合，必要に応じて断面の投影方向を示す矢印とラテン文字の大文字を付ける。

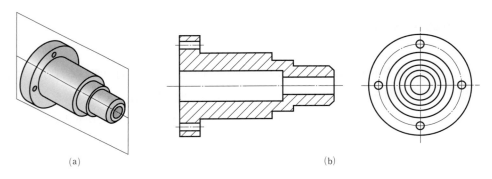

図3−33　全断面図

3.3 断面図

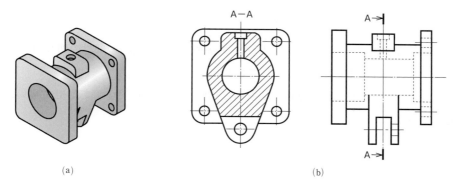

図3-34 特定部分の全断面図

(2) 片側断面図

片側断面図は，対称形状の中心線を境にして，外形図の半分と全断面図の半分を組み合わせたもので，図3-35に表すように，品物の外形と内部を同時に示すことができる。

なお，断面にするものは，一般に上側か，右側とする。

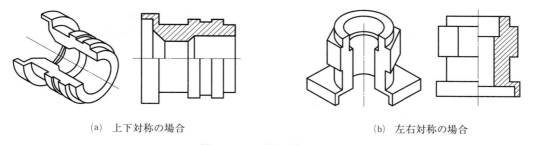

図3-35 片側断面図

(3) 部分断面図

部分断面図は，対象物の一部だけを断面図として表した図で，破断線によって外形図との境界を示す（図3-36）。

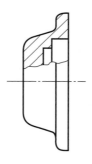

図3-36 部分断面図

第3章　図形の表し方

(4) 回転図示断面図

ハンドル，車輪などのアーム及びリム，リブ，フック，軸，構造物の部材の切り口は，図3－37～図3－39に示すように，90°回転して表してもよい。

このように，描いた図の投影面に垂直な切断面で描いた切り口を，90°回転させて描いた図は，**回転図示断面図**という。

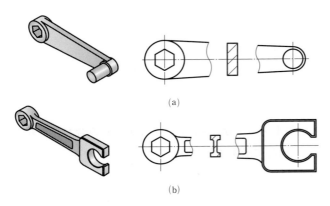

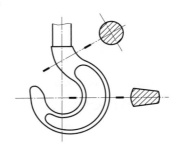

図3－37　回転図示断面図①――切断箇所の前後を破断して，その間に描く場合

図3－38　回転図示断面②――切断線の延長線上に描く場合
（JIS B 0001：2019）

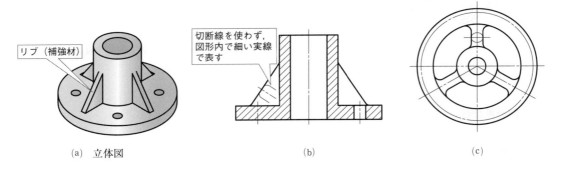

図3－39　回転図示断面図③――図形内の切断箇所に重ねて描く場合

(5) 組み合わせによる断面図

二つ以上の切断面による断面図を組み合わせて断面図示することができる。この場合，必要に応じて断面の投影方向を示す矢印とラテン文字の大文字を付ける。

主な組み合わせとして，①二つの切断面による断面図，②平行な二平面以上による断面図，③中心線に沿った曲面断面図，④前述の①～③を複合した断面図がある（図3－40～図3－43）。

3.3 断面図

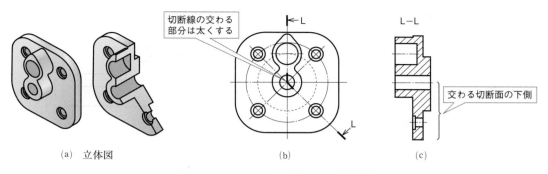

図3-40 二つの切断面による断面図

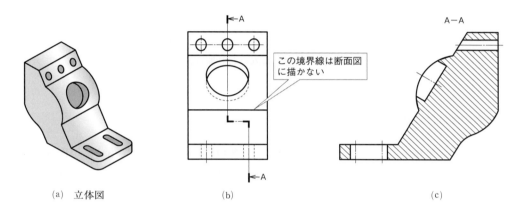

図3-41 平行な二平面以上の切断面による断面図

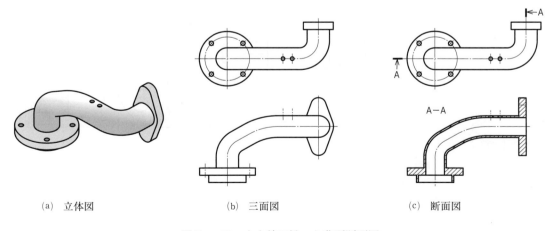

図3-42 中心線に沿った曲面断面図

第3章　図形の表し方

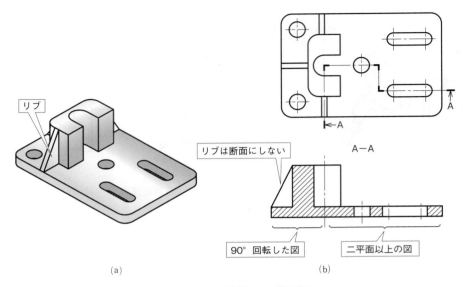

図3−43　組み合わせ断面図

(6) **多数の断面図による図示**

複雑な形状の対象物を表す場合には，必要に応じて多数の断面図を描いてもよい（図3−44）。また，一連の断面図は，図面を理解しやすいように，投影の向きを合わせて描く（図3−45）。

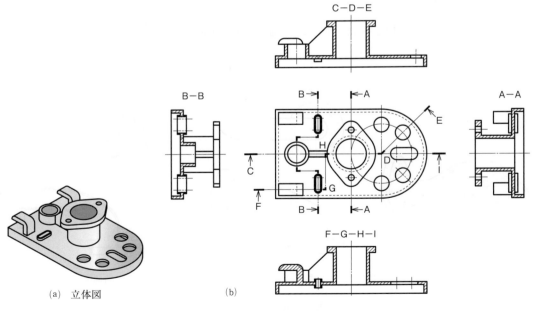

図3−44　多数の断面図①

− 60 −

3.3 断面図

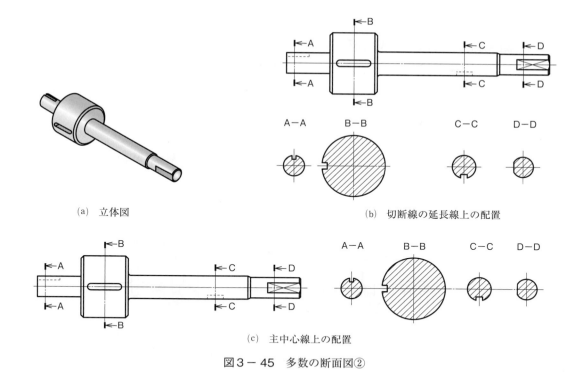

(a) 立体図
(b) 切断線の延長線上の配置
(c) 主中心線上の配置

図3－45　多数の断面図②

(7) 薄肉部の断面図

ガスケット，薄板，形鋼などで切り口が薄い場合には，次のように表すことができる。
① 断面の切り口を黒く塗りつぶす（図3－46(b)）。
② 実際の寸法にかかわらず1本の極太線の実線で表す（同図(c)～(e)）。

なお，いずれの場合にも，これらの切り口が隣接している場合には，それを表す図形の間（他の部分を表す図形との間も含む）に，わずかなすきま（0.7 mm以上）をあける。

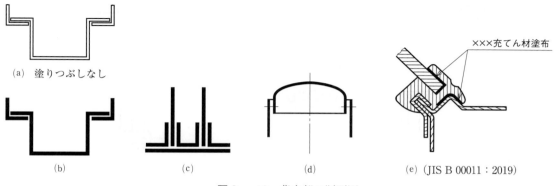

(a) 塗りつぶしなし
(b)
(c)
(d)
(e) (JIS B 00011 : 2019)

図3－46　薄肉部の断面図

— 61 —

3.3.3 断面図で図示できないもの

切断したために理解を妨げるもの（例1），切断しても意味がないもの（例2）は，長手方向に切断しない（図3－47）。
例1：リブ，アーム，歯車の歯
例2：軸，ピン，ボルト，ナット，座金，小ねじ，リベット，キー，鋼球，円筒ころ

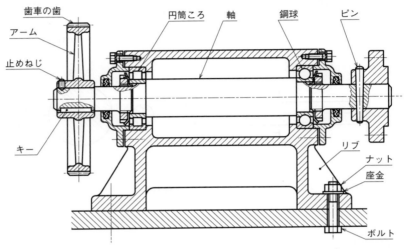

図3－47　切断してはいけない例（JIS B 0001：2019）

リブやアームを全断面図とした場合，図3－48(b)や図3－49のように切り口をそのまま描かず，図3－48(d)のように，ずらした状態で描かなければならない。

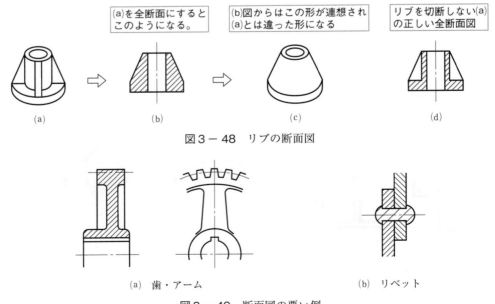

図3－48　リブの断面図

図3－49　断面図の悪い例

3.4 図形の簡略化

機械部品には上下や左右対称,あるいは多数の穴が開いたものが多くあり,このような場合に対象物の図形すべてが理解できる場合は,図形の一部分を省略して表すことができる。

3.4.1 図形の省略

(1) 対称図形の省略

図形が対称形式の場合には,次のいずれかによって**対称中心線**の片側を省略することができる。

① 対称中心線の両端部に短い2本の平行細線(**対称図示記号**)を付け,対称中心線の片側の図形だけを描く(図3-50)。

② 対称中心線の片側の図形を,対称中心線を少し越えた部分まで描く。この場合は,対称図示記号は不要である(図3-51)。

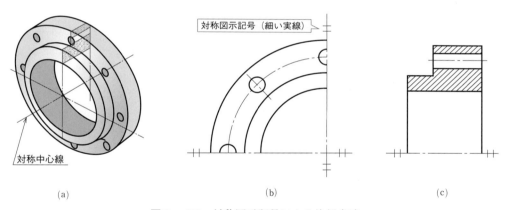

図3-50 対称図示記号による片側省略

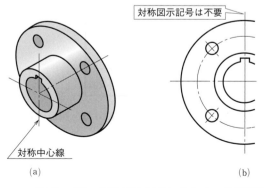

図3-51 対称図示記号によらない片側省略

(2) 繰り返し図形の省略

同種同形のものが多数並ぶ場合には，図3－52～図3－54のように要所又は両端だけを図示し，他は中心線又は中心線の交点，及び図記号を示すことで省略することができる。

なお，この場合には，繰り返し部分の数を，寸法記入又は注記によって指示しなければならない。

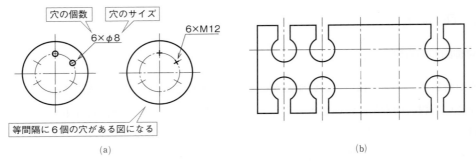

図3－52　要所図示による繰り返し図形の省略

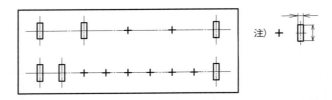

図3－53　図記号による繰り返し図形の省略

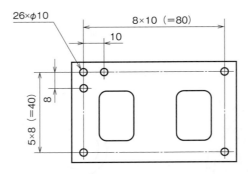

図3－54　要所図示と数値による繰り返し図形の省略

― 64 ―

(3) 中間部分の省略

軸，棒，管，形鋼，テーパ軸，工作機械の親ねじのような，同一断面形や同じ形が規則正しく並んでいる部分や長いテーパなどは，中間部を切り取って図示することができる（図3－55，図3－56）。

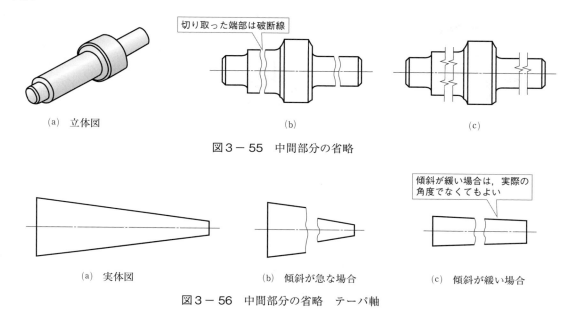

図3－55　中間部分の省略

図3－56　中間部分の省略　テーパ軸

(4) そのほかの省略

① かくれ線は，理解を妨げない場合には，これを省略することができる（図3－57(c)）。

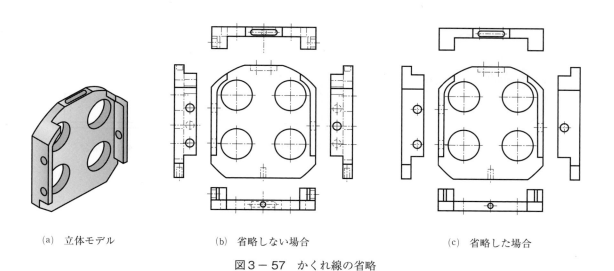

図3－57　かくれ線の省略

② 補足の投影図に見える部分を全部描く（図3−58(b)）と，図がかえって分かりにくくなる場合には，部分投影図（同図(c), (d)）又は補助投影図（図3−59）として表す。

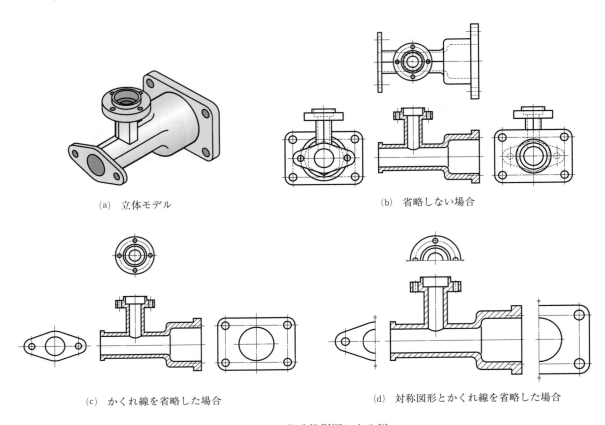

(a) 立体モデル　　　　　　　　　　　(b) 省略しない場合

(c) かくれ線を省略した場合　　　　　(d) 対称図形とかくれ線を省略した場合

図3−58　部分投影図による例

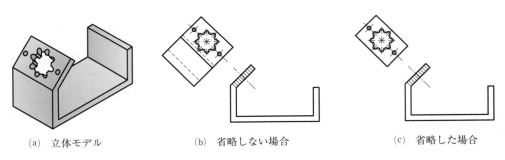

(a) 立体モデル　　　(b) 省略しない場合　　　(c) 省略した場合

図3−59　補助投影図による例

③ 切断面の先方に見える線（図3−60(b)）は，理解を妨げない場合には，これを省略するのがよい（同図(c)）。
④ 一部に特定の形（キー溝のボス穴，壁に穴又は溝をもつ管又はシリンダ，切割りのある形状）を図示する場合は，なるべくその部分が図の上側に現れるように描くのがよい（図3−61）。

3.4 図形の簡略化

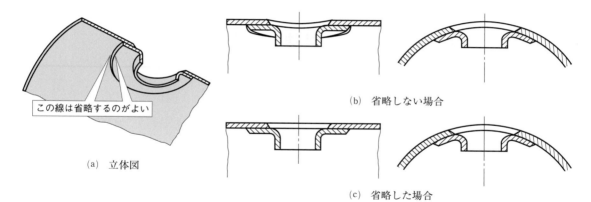

(b) 省略しない場合

(a) 立体図

(c) 省略した場合

図3-60 先方に見える線の省略 ((b)(c) JIS B 0001：2019)

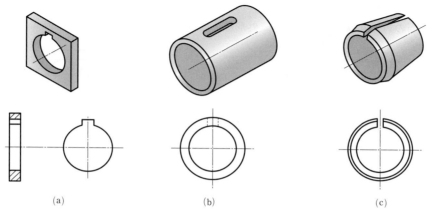

図3-61 一部に特定な形がある場合

⑤ ピッチ円上に配置する穴などは，側面の投影図（断面図含む）においては，ピッチ円が成す円筒を表す細い一点鎖線と，その片側だけに1個の穴を図示し，ほかの穴の図示を省略することができる。この場合は，穴の配置が明らかになっていなければならない（図3-62）。

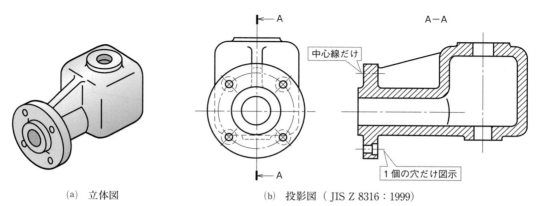

(a) 立体図　　　(b) 投影図 （JIS Z 8316：1999）

図3-62 側面図に現れる穴の簡略化の例

— 67 —

3.5 特殊な図示法

3.5.1 二つの面の交わり部

二つの面が交わる部分（相貫部分）を表す線は，次による。

(1) **丸みをもつ二つの面の交わり部**

二つの面の交わり部に丸みがある場合に丸み部分を表す必要があるときは，図3－63のように二つの面を延長した交線の位置に，太い実線で示す。

対象物の断面の角に丸みがあるときは，外形線との間にすきまを設ける（同図(b)）。

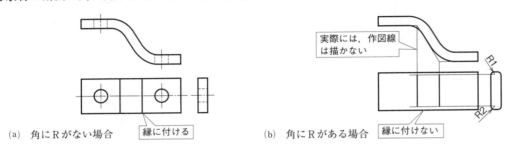

図3－63 二面の交わり部

(2) **相貫線の簡略図示**

曲面相互，又は曲面と平面が交わる部分の線（相貫線）は，正しい投影に近似させた円弧で表すか（図3－64(a)～(c)），直線で表す（同図(d)～(f)）。図3－65に近似円弧の描き方を示す。

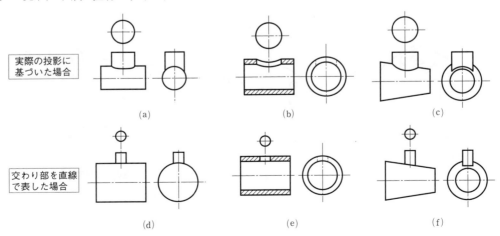

図3－64 交わり部の簡略図示（JIS B 0001：2019）

3.5 特殊な図示法

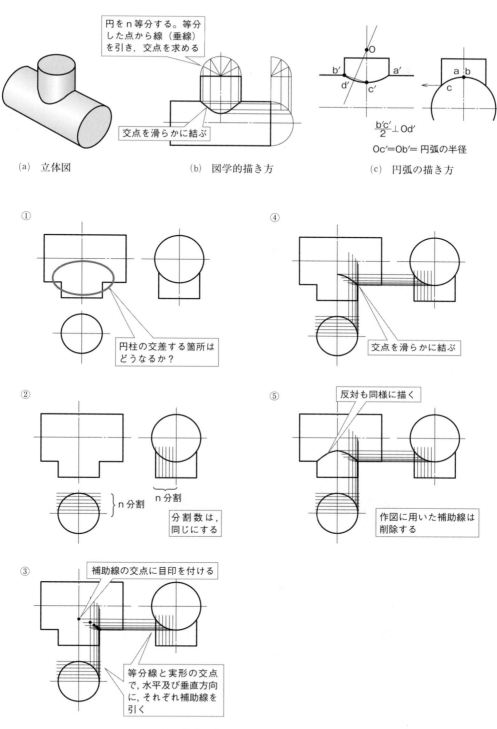

図3-65 近似円弧の描き方

(3) リブなどの端末図示

リブなどを表す線の端末は，直線のまま止める（図3－66(a)）。

なお，関連する丸みの半径が著しく異なる場合には，端末を内側又は外側に曲げて止めてもよい（同図(b)，(c)）。

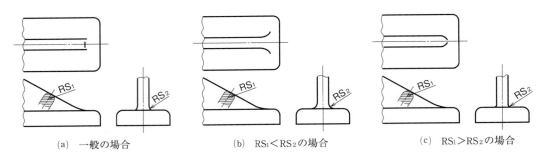

(a) 一般の場合　　　(b) RS₁＜RS₂の場合　　　(c) RS₁＞RS₂の場合

図3－66　リブの交わり部の簡略図示（JIS B 0001：2019）

3.5.2　平面部の図示

図形内の特定部分が平面であることを示す必要がある場合には，細い実線で対角線を記入する（図3－67）。

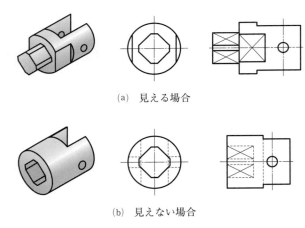

(a) 見える場合

(b) 見えない場合

図3－67　平面部の図示

3.5.3　展開図の図示

板を曲げて作る対象物や，面で構成される対象物の展開した形状を示す必要がある場合には，展開図で示す。この場合，展開図の上側又は下側に統一して，「展開図」と記入する（図3－68）。

3.5 特殊な図示法

図3-68 展開図示

3.5.4 模様などの表示

材料の表面に細かい凹凸や切込み模様を入れて，滑り止めなどの効果を付与する加工をローレット加工という（図3-69）。ローレット加工した部分，金網，しま鋼板などの特徴を，外形の一部に描いて表示する場合には，図3-70〜図3-72の例による。

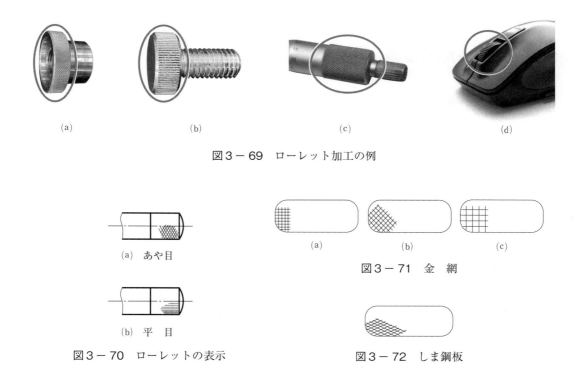

図3-69 ローレット加工の例

図3-70 ローレットの表示

図3-71 金網

図3-72 しま鋼板

また，非金属材料を示す必要がある場合には，原則として，図3-73の表示方法又は該当規格の表示方法による。ただし，この場合でも部品図には，材質を別に文字で記入する。

図3-73 非金属材料の表示

3.5.5 特殊な加工・処理の表示

対象物の一部分に特殊な加工（焼入れ，メッキなど）を施す場合には，図3－74のように，その範囲を外形線に平行にわずかに離して引いた太い一点鎖線（特殊指定線）で示すことができる。

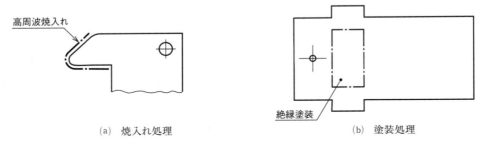

図3－74 特殊加工部分の指示例

3.5.6 想像線を用いた図示

対象物の加工前や加工後の形，加工に用いる工具・ジグなどの形を参考として表す必要がある場合には，細い二点鎖線（想像線）で図示する（図3－75）。

また，切断面の手前側にある部分や対象物に隣接する部分を参考として図示する必要がある場合にも同様に細い二点鎖線（想像線）で図示する。対象物に隣接する図形は，隣接部分に隠されてもかくれ線としてはならず，ハッチングも施してはならない（図3－76，図3－77）。

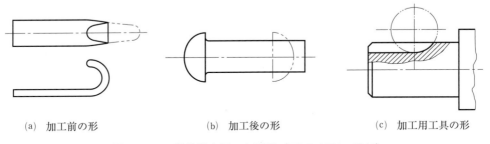

図3－75 想像線を用いた図例（JIS B 0001：2019）

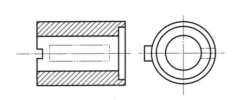

図3－76 切断面の手前部分の表示
（JIS B 0001：2019）

図3－77 隣接部分の表示
（JIS B 0001：2019）

第3章　章末問題

[1]　図面の大きさと様式について，次の（　）内に入る適切な語句や数字を答えよ。

① 製図用紙の幅と長さの比は，1：（　a　）である。

② 図面に用いる主なサイズはA列サイズで（　b　）〜（　c　）を用いる。長辺を横方向に用いるが，（　d　）に限り縦方向で用いてもよい。

③ 図面には，太さ（　e　）mm以上の輪郭線を実線で描く。A4サイズの場合は，用紙の端から（　f　）mm，穴あけのとじ代が必要なときは，（　g　）mmの幅を左側に設ける。

④ 比較目盛は，最小（　h　）mmの（　i　）mm間隔に目盛を付けたものである。

⑤ 図面を折りたたむ場合の大きさは，原則（　j　）とする。

⑥ 製図に用いられる尺度の種類は，（　k　），（　l　），（　m　）である。

⑦ 対象物を5倍の大きさで描いた場合の尺度の表し方は，（　n　）：（　o　）である。

[2]　次のうち，図面に必ず設けなければならないものを選べ。

① 輪郭線　　　② 方向マーク　　　③ 比較目盛　　　④ 区域表示

⑤ 裁断マーク　　⑥ 中心マーク　　⑦ 表題欄

[3]　製作図における，主投影図の選び方を述べよ。

[4]　製作図に関する内容について，次の（　）内に入る適切な語句を答えよ。

① 主投影図の選び方として，特別な理由がない場合は，対象物を（　a　）に描く。

② 斜面部がある品物で，その実形を表す場合は，斜面に対向な（　b　）で表す。

③ 断面図の切り口には，断面であることを示すために（　c　）を施す。

④ 片側断面図では，一般に断面にする側は，（　d　）側，（　e　）側とする。

⑤ 回転図示断面図で切断箇所を図形内に描く場合の線は，（　f　）を用いる。

⑥ 対称図形で片側を省略する場合は，対称中心線の両端部に（　g　）を付ける。

⑦ 曲面同士や平面と曲面が交わる部分の線を（　h　）という。

⑧ 長いテーパ形状などは，（　i　）部を（　j　）で切り取って図示できる。

⑨ 図形の特定部分が平面であることを表す場合は，（　k　）を記入する。

⑩ 対象物の一部分に特殊な加工を施す場合に使用する線は，（　l　）を用いる。

[5]　次図を参考に，指示された投影図を描け。ただし，寸法を記入しない。（方眼紙）

① 図(a)のFから見た形を正面図とし，3面図（正面，平面，右側面）を描け。

② 図(b)のFから見た形を正面図とし，3面図（正面，平面，右側面）を描け。

— 73 —

第3章　図形の表し方

③　図(c)のFから見た形を平面図とし，2面図（正面，平面図）とA（斜面に垂直）から見た補助投影図を描け。

④　図(d)のFから見た形を正面図とし，A（斜面に垂直）とBから見た補助投影図を部分投影図として描け。

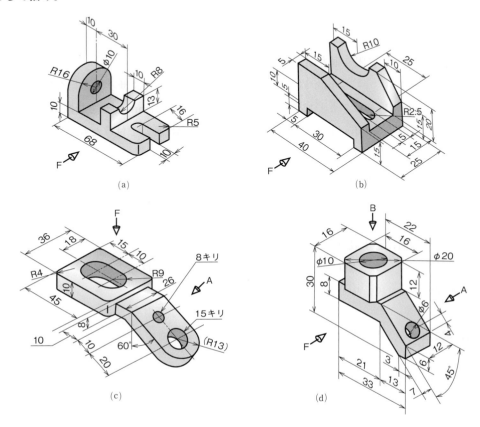

[6]　図(a)～(c)から，断面図を描け。ただし，寸法は記入しない。

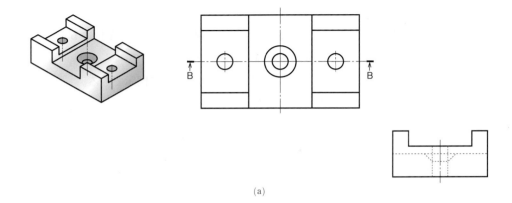

(a)

— 74 —

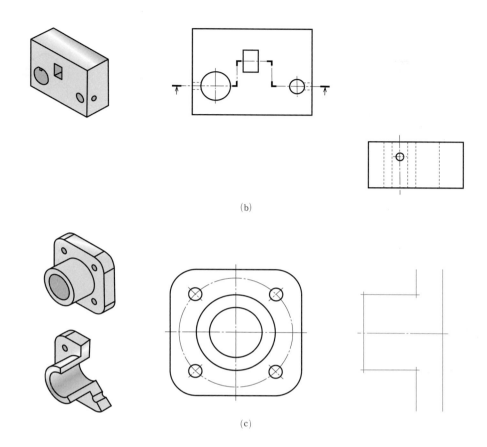

(b)

(c)

[7] 図を参考に，指示された投影図を描け．ただし，寸法は記入しない．
① 次図について，図(a)は対称図示を，図(b)は片側断面図を用いて描け．

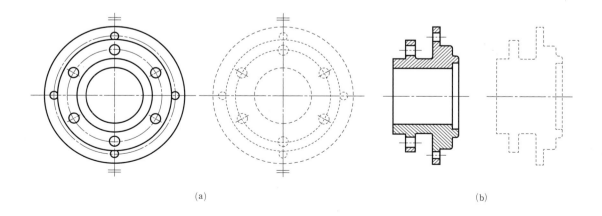

(a)　　　　　　　　　　　　　　　　　(b)

第3章　図形の表し方

② 次図について，足りない図を補って描け。

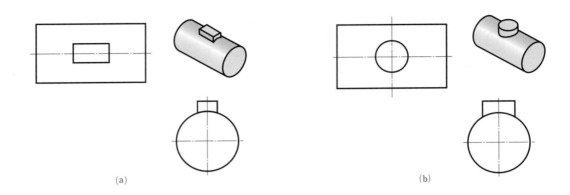

(a)　　　　　　　　　　　　　　　　(b)

③ 次図の投影図について，(1)～(3)の指示事項に従って図を補足して描け。

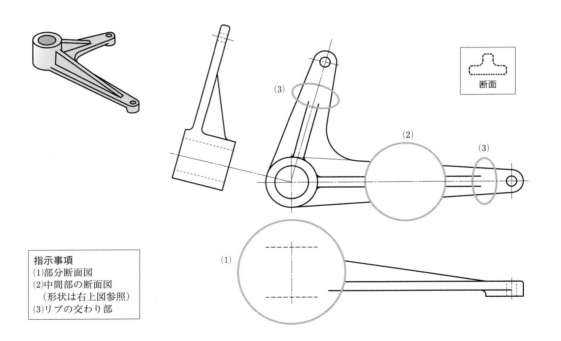

指示事項
(1)部分断面図
(2)中間部の断面図
　　(形状は右上図参照)
(3)リブの交わり部

第4章
寸法記入方式

4.1 寸法記入の一般原則

寸法は，対象物の具体的な大きさや位置，角度を指示するもので，寸法のない図面や寸法数値の誤った図面では，品物を作ることができない。

また，記入漏れや誤りがなくても，寸法の記入に適切さを欠いた図面は，作業能率の低下や読み誤りを起こす原因となるため，寸法記入は正確に，効果的な方法で記入しなければならない。

4.1.1 寸法記入の一般事項

(1) 寸法記入に用いる線と記入方法

寸法は，図4-1のように**寸法線，寸法補助線，引出線，参照線，端末記号，寸法補助記号**などを用いて，寸法数値によって表す。

寸　法　線：対象物の長さ寸法，角度寸法を記入するための線
寸法補助線：寸法線を記入するため図形から引き出す線
引　出　線：記述，記号などを示すために，形体から引き出す線
参　照　線：引出線につなぐ水平な直線
端　末　記　号：寸法の限界を示すために，寸法線の先端に付けられた記号（図4-2，図4-3）。機械製図においては，主に30°開き矢が用いられる。

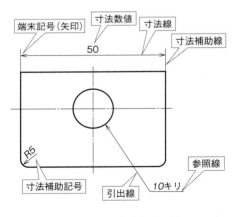

図4-1　寸法記入要素

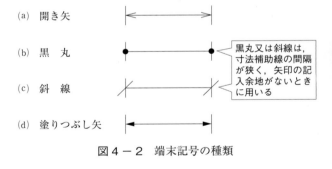

図4-2　端末記号の種類

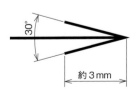

図4-3　端末記号の描き方（30°開き矢）

(2) 寸法線，寸法補助線

寸法線は，指示する長さ又は角度を測定する方向に平行に引き，線の両端には，図4−2に示した端末記号を付ける（図4−4）。**寸法補助線**は，図形と接して引き出すか，少しすきまをあけて平行に引き出し，寸法線から1～2mm延長したところに描く（図4−5）。

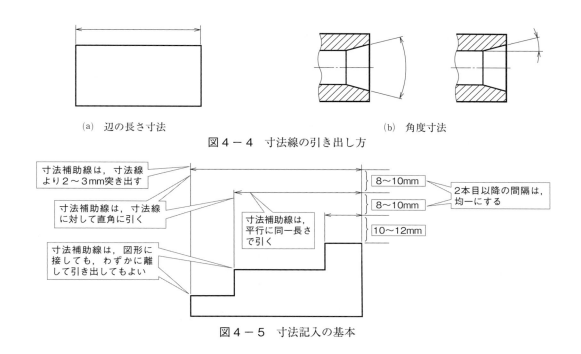

(a) 辺の長さ寸法　　　　　　　　　　(b) 角度寸法

図4−4　寸法線の引き出し方

図4−5　寸法記入の基本

対象物に寸法を記入する場合は，細い実線で描いた寸法補助線を用いて寸法線を描き，その上側に寸法数値を記入する。

なお，寸法線は，小さい寸法を対象物の近くに配置するなどの様々な原則がある。図4−6に示すとおり，製作に過不足なく，読みやすい寸法記入を心掛ける。特別な理由がない場合には，図形の左下隅を寸法の基準にするとよい。

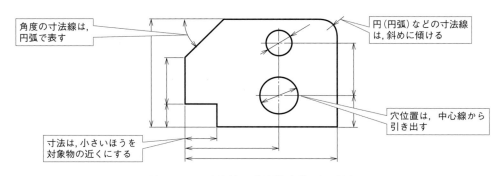

図4−6　寸法線，寸法補助線の図示例

① 寸法は，寸法補助線を用いて寸法線を記入する。寸法補助線を引き出して描いたときに図が紛らわしい場合は，これを省略することができる（図4－7）。

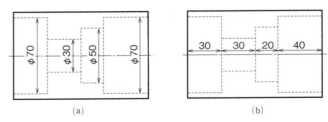

図4－7 寸法補助線の省略例

② 寸法線が形状を表す実線と重なり，線が明確にできない場合は，寸法線に対して適切な角度（約30°）をもつ互いに平行な寸法補助線を引くことができる（図4－8）。

また，穴や軸などの位置を示す場合は，中心線の間に寸法線を引く（図4－9）。

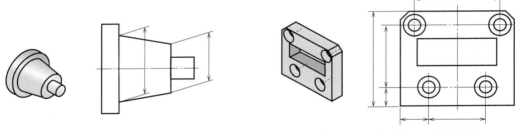

図4－8 寸法補助線を斜めに引き出す例　　図4－9 穴位置の寸法記入例

③ 互いに傾斜する二つの面の間に丸み又は面取りが施されているとき，二つの面の交わる位置を示すには，丸み又は面取りを施す以前の形状を細い実線で表し，その交点から寸法補助線を引き出す。

なお，交点を明らかに示す必要があるときは，それぞれの線を互いに交差させるか，又は交点に小さな黒丸を付ける（図4－10）。

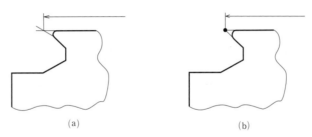

図4－10 傾斜する面の寸法記入

④　対称の図形で，対称中心線の片側だけ断面図で表している場合，端末記号を付けた側の寸法線を図4－11(a)のように中心線を越えて少し延長し，他端部には端末記号は付けない。片側を省略した図も同様である（同図(b)）。ただし，誤解のおそれがない場合は，その限りではない。

　また，直径の異なる円筒が連続していて，寸法記入の余地がないときは，図形の外側から寸法線を当てて記入する（同図(c)）。

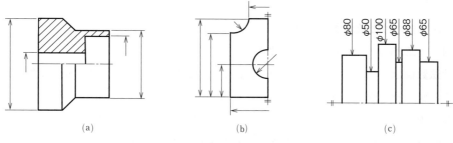

図4－11　対称形の寸法記入例

(3) 引出線，参照線

引出線は，寸法線，形状を表す線及び形状を表す線の内側から斜め方向に引き出した線で，狭いところの寸法線から引き出す場合は，引出線の引き出す側の端には何も付けない（図4－12(a)）。

引出線や参照線を，注記，部品番号などを記入するために用いるとき，形状を表す線から引き出す場合には矢印を（同図(b)），形状を表す線の内側から引き出す場合には黒丸を（同図(c)）引き出した箇所に付け，引出線の端を水平に折り曲げた参照線の上側に，注記などを記入する。

図4－13は，引出線を用いた寸法記入例である。中心線に引出線を当てる場合は，キリ穴，リーマ穴などの指示以外は，使用しないほうがよい。

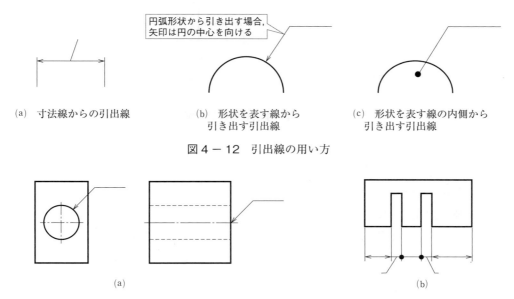

(a) 寸法線からの引出線　　(b) 形状を表す線から引き出す引出線　　(c) 形状を表す線の内側から引き出す引出線

図4－12　引出線の用い方

図4－13　端末記号と引出線を用いた例

4.1.2 寸法数値の記入

(1) 単　　位

長さの寸法は，通常，仕上がり寸法をミリメートル単位で記入し，単位記号［mm］は付けない。寸法数値の小数点は，次の例のように下の点とし，数字の間を適当にあけて，その中間に大きめに記入する。

また，寸法数値のけた数が多い場合でも，コンマを付けない。

　　　例）　123.25　　　12.00　　　22320

角度の寸法数値は，一般に度［°］の単位で記入し，必要がある場合には，分及び秒を併用することができる。度，分，秒は，数字の右肩にそれぞれ［°］，［′］，［″］を記入して表す。

　　　例）　90°　　22.5°　　6° 21′ 5″（又は 6° 21′ 05″）　　8° 0′ 12″（又は 8° 00′ 12″）

また，角度の寸法数値をラジアンの単位で記入する場合には，その単位記号［rad］を記入する。

　　　例）　0.52 rad　　π/3 rad

(2) 寸法数値の記入

① **寸法数値**は，原則として，水平方向の寸法線に対して，図面の下辺から，垂直方向の寸法線に対しては，図面右辺から読めるように記入する（図 4 − 14）。斜めの寸法線に記入する場合は，図 4 − 15 に準じて記入する。角度寸法についても図 4 − 16 (a)に準じて記入する。

また，同図(b)のように寸法数値を水平に記入することもできるが，同一図面内では混用しな

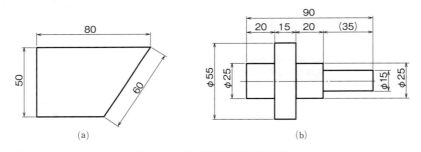

図 4 − 14　寸法数値の記入例

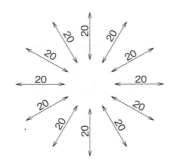

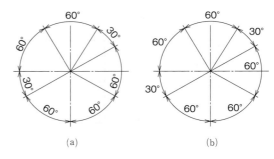

図 4 − 15　長さ寸法の場合（JIS Z 8317 − 1 : 2008）　　図 4 − 16　角度寸法の場合（JIS B 0001 : 2019）

い。数字の向きが間違えやすい場合は，引出線及び参照線を活用する。

　寸法数値は，寸法線を中断せずに，これに沿ってその上側にわずかに離して記入する。この場合，寸法線のほぼ中央に指示するのがよい。

② 寸法数値を記入する領域が確保できない場合に限り，図4－17に示すように寸法線を延長して寸法補助線を挟み，内側に矢印を付けたり，引出線に続く参照線を用いたりする。

　また，寸法補助線の間隔が狭く，矢印を記入する余地がない場合は，黒丸や斜線を用いてもよい（同図(b)）。ただし，同一図面内での混用はできない。

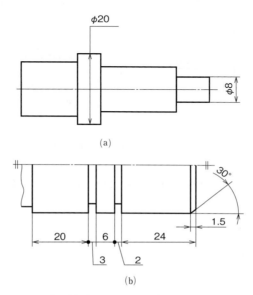

図4－17　狭い箇所への記入例（JIS Z 8317－1：2008）

③ 寸法数値を表す一連の数字は，一般的に寸法線の中央に配置するが，図4－18(a)のような図の外形線で分割したり重なったりする場合には，図面に描いた線で分断されない位置に指示するのがよい。ただし，やむを得ない場合には，引出線を用いて記入する（同図(b)）。

　また，寸法数値は，寸法線の交わらない箇所に記入する（図4－19）。

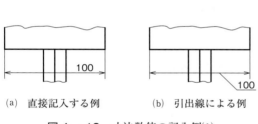

図4－18　寸法数値の記入例(1)

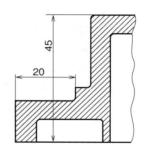

図4－19　寸法数値の記入例(2)

第4章　寸法記入方式

④　直径の寸法が対称中心線の方向にいくつも並ぶ場合には，図4－20(a)のように小さい寸法から順次外側に等間隔で記入する。ただし，紙面の都合で寸法線の間隔が狭い場合には，寸法数値を，対称中心線の両側に交互に記入する（同図(b)）。

また，寸法線が長く，その中央に記入すると分かりにくくなる場合には，寸法数値は，いずれか一方の端末記号の近くに片寄せて記入することができる（同図(c)）。

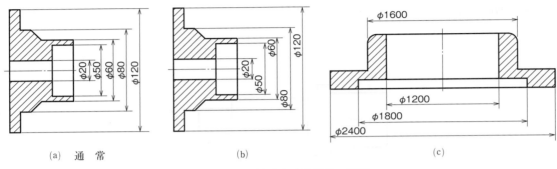

図4－20　特殊な寸法数値の配置

⑤　寸法数値の代わりに，文字記号を用いてもよい。この場合，数値を別に表示する（図4－21）。

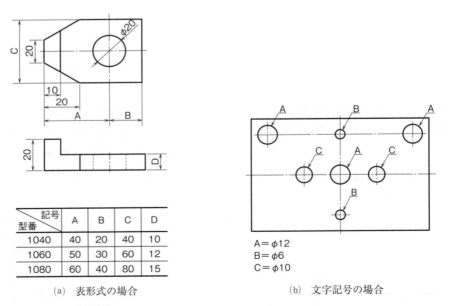

図4－21　文字記号を用いた寸法の記入例

4.1.3 寸法の配置

図面の寸法記入には，様々な寸法記入法を組み合わせて記入できるよう，寸法線を配置する。

(1) **直列寸法記入法**

直列寸法記入法は，各寸法を一列に配列して記入する方法である。これは，個々の寸法に与えられる寸法公差が，累積しても支障のない場合に使う（図4－22）。

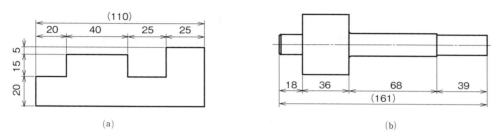

図4－22 直列寸法記入例

(2) **並列寸法記入法**

並列寸法記入法は，並列する寸法線又は同心円弧の寸法線によって，基準形体から各形体までの寸法を記入する方法である（図4－23）。これは，直列寸法記入法と異なり，寸法公差が累積しないため，個々の寸法に影響を与えない。ただし，多くの寸法線を用いるため寸法記入が複雑になり，誤読のおそれがあるため注意しなければならない。

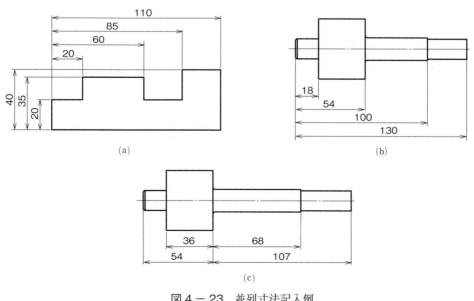

図4－23 並列寸法記入例

(3) 累進寸法記入法

累進寸法記入法は，基準形体から各形体までの寸法線を，一直線上に記入する方法である。この場合，基準位置を起点記号（○）で示し，寸法線の他端は矢印で示す。寸法補助線の脇に，基準位置からの寸法を記入する（図4－24(a)，(b)）。

また，角度寸法や二つの形体間だけの寸法線にも準用できる（同図(c)，(d)）。

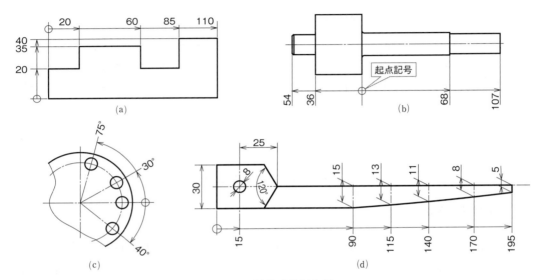

図4－24　累進寸法記入例

(4) 座標寸法記入法

座標寸法記入法は，個々の点の位置を表す寸法を，座標によって記入する方法である（図4－25）。この場合，表に示すX，Yは左下端，ϕの数値は起点0からの寸法である。座標寸法記入には，起点からの座標値（X，Y軸の直交座標系）を用いて位置や大きさを表示する正座標寸法記入や起点からの距離（半径）と角度で物体の位置を表す極座標寸法記入がある。

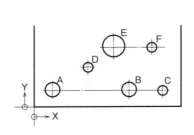

	X	Y	φ
A	10	10	10
B	70	10	10
C	100	10	6
D	30	30	6
E	50	45	15
F	90	45	6

(a) 正座標寸法記入法の例

図4－25　座標寸法記入例①

4.1 寸法記入の一般原則

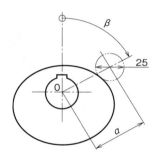

β	0°	20°	40°	60°	80°	100°	120°～210°	230°	260°	280°	300°	320°	340°
a	50	52.5	57	63.5	70	74.5	76	75	70	65	59.5	55	52

(b) 極座標寸法記入法の例（JIS B 0001：2019）

図4－25　座標寸法記入例②

(5) **表形式寸法記入法**

表形式寸法記入法は，形体又は寸法を照合番号や照合文字によって示し，数値表によって寸法を示す方法である（図4－26）。類似する部品で，寸法が異なるものに使う。

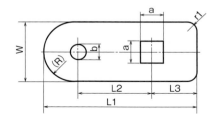

No	a	b	L1	L2	r1	W
1	12	8	100	50	6	32
2	16	10	120	54	6	40
3	20	12	140	78	8	48

座標寸法記入と同じだが，複数の部品に対応できる

図4－26　表形式寸法記入例

第4章 寸法記入方式

4.2 寸法補助記号及び指示例

寸法補助記号は，寸法数値に付け加える記号であり，寸法が記入された形体の形状をより明確にするためのものである（表4-1）。

表4-1 寸法補助記号の種類及びその呼び方（JIS B 0001：2019）

記　号	意　味	呼び方
φ	180°を超える円弧の直径又は円の直径	"まる"又は"ふぁい"
Sφ	180°を超える球の円弧の直径又は球の直径	"えすまる"又は"えすふぁい"
□	正方形の辺	"かく"
R	半径	"あーる"
CR	コントロール半径	"しーあーる"
SR	球半径	"えすあーる"
⌒	円弧の長さ	"えんこ"
C	45°の面取り	"しー"
⌒	円すい（台）状の面取り	"えんすい"
t	厚さ	"てぃー"
⊔	ざぐり	"ざぐり"
	深ざぐり	"ふかざぐり"
		注意　ざぐりは，黒皮を少し削り取るものも含む。
∨	皿ざぐり	"さらざぐり"
▽	穴深さ	"あなふかさ"

4.2.1 寸法補助記号を用いた寸法記入

(1) 正方形の表し方

① 対象とする部分の断面が正方形であるとき，その形を図に表さずに，寸法補助記号「□」を寸法数値の前に，寸法数値と同じ文字高さで記入して示す（図4-27(b)）。

② 正方形を正面から見た場合は，両辺の寸法を記入するか，正方形であることを示す寸法補助記号「□」を一つの辺に記入する（同図(c), (d)）。

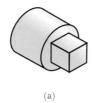
(a)

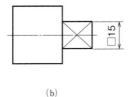
(b)

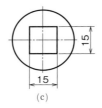
(c)

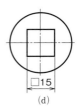
(d)

図4-27　正方形の寸法記入

(2) 厚さの表し方

対象とする部品が板材などの薄い部品であるとき，寸法補助記号「t」を，寸法数値の前に，寸法数値と同じ文字高さで記入し，主投影図の付近又は図中の見やすい位置に示して厚さを表す（図4－28(b)）。

厚さの公差は，標準化された規格の数値を適用する（冷間圧延鋼板の場合は，JIS G 3141：2021による）。

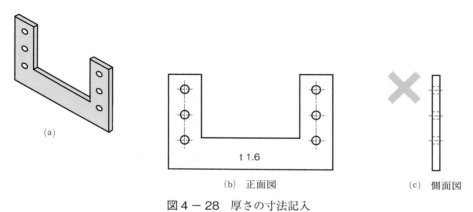

図4－28　厚さの寸法記入

(3) 面取りの表し方

二平面の交わり部の角を取り去ることを**面取り**といい，一般的に45°の面取りが多く用いられる。

① 45°面取りの場合には，面取りの対象とする部分に面取りがあるとき，図4－29のように面取りの寸法数値×45°，又は寸法補助記号「C」を寸法数値の前に，寸法数値と同じ文字高さで記入して示す。

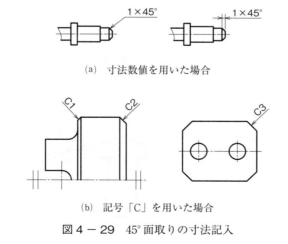

(a) 寸法数値を用いた場合

(b) 記号「C」を用いた場合

図4－29　45°面取りの寸法記入

② それ以外の任意の角度の面取りは，通常の寸法記入方法によって表す（図4－30）。

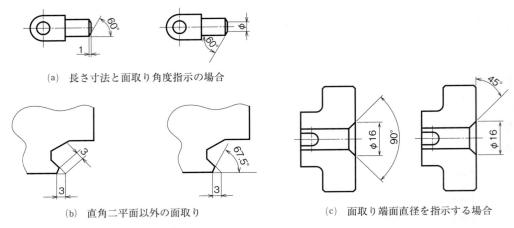

図4－30　任意角度の面取りの寸法記入

(4) 半径の表し方

① 半径の寸法線は，円弧の中心方向から引き，円弧の側にだけ矢印を付ける。半径の寸法は，寸法補助記号「R」を，寸法数値の前に，寸法数値と同じ文字高さで記入して示す（図4－31(a)）。
② 半径を示す寸法線を円弧の中心まで引く場合には，寸法補助記号を省略してもよい（同図(b)）。
③ 矢印や寸法数値を記入する余地がないときは，同図(c)〜(f)のようにする。

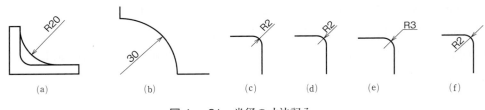

図4－31　半径の寸法記入

④ 円弧の寸法は，通常180°以下は半径で表し，180°より大きい場合は直径で表す（図4－32）。ただし，機能上又は加工上，直径の寸法を必要とする場合は，直径で表す（図4－33）。

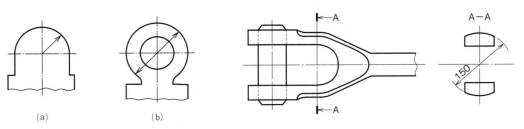

図4－32　半径又は直径の指示例　　図4－33　機能上必要な直径の指示例
　　　　　　　　　　　　　　　　　　　　　　　（JIS B 0001：2019）

4.2 寸法補助記号及び指示例

⑤ 半径の寸法を指示するために，円弧の中心位置を示す必要がある場合は，十字又は黒丸でその位置を示す（図4－34(a)）。

⑥ 円弧の半径が大きく，その中心の位置を示す必要がある場合には，中心を移し，半径の寸法線を折り曲げてもよい。この場合，矢印を付ける寸法線の部分は，正しい中心の位置に向いていなければならない（同図(b)）。

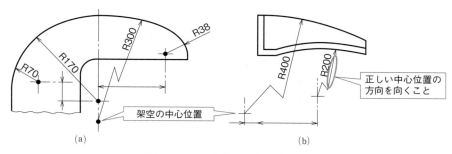

図4－34 大きい半径の指示例

⑦ 同一中心をもつ半径は，長さ寸法と同様に累進寸法記入法を用いて表示できる（図4－35）。

⑧ 隅や角の丸みにコントロール半径を指示する場合は，記号「CR」を，寸法数値の前に，寸法数値と同じ文字高さで記入して示す（図4－36）。

コントロール半径とは，直線部と半径曲線部との接線部が滑らかにつながり，最大許容半径と最小許容半径の間に半径が存在するように規制する半径である。これにより，通常のR指示では工作時に半径の交わり部で凹凸や段差ができるのを防ぐ。

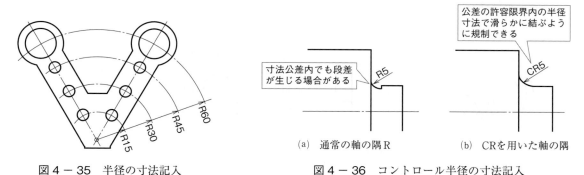

図4－35 半径の寸法記入　　　　図4－36 コントロール半径の寸法記入

⑨ 長円の穴やキー溝のように，半径の寸法がほかの寸法から自然に決定する場合は，半径を示す寸法線と（ ）を付けた記号「R」だけ記入し，寸法数値を記入しない（図4－37）。

⑩ 実形を示していない投影図形に実際の半径を指示する場合は，寸法数値の前に「実R」の文字記号を記入する（図4－38(a)）。

また，展開した状態の半径を指示する場合には，「展開R」の文字記号を記入する（同図(b)）。

第4章 寸法記入方式

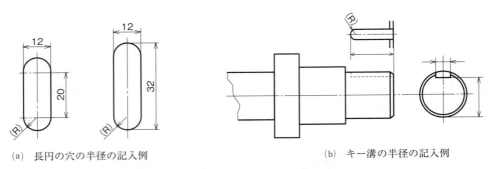

(a) 長円の穴の半径の記入例　　　　(b) キー溝の半径の記入例

図4－37　寸法数値を省略した半径の寸法記入

(a) 実形を示していない半径の記入例　　(b) 展開した状態の半径の記入例

図4－38　文字記号を用いた半径の寸法記入（JIS B 0001：2019）

(5) 直径の表し方

① 対象とする部分の断面が円形であるとき，その形を図に表さずに，記号「φ」を寸法数値の前に，寸法数値と同じ文字高さで記入して示す（図4－39(a)）。

② 円形の図に直径の寸法を記入するときは，「φ」は記入しなくてもよい。

　なお，円形の一部を欠いた図形で寸法線の端末記号が片側の場合や引出線を用いる場合は，「φ」を付ける（同図(b)）。

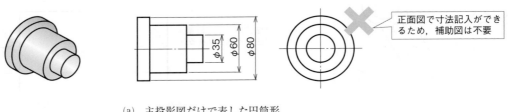

(a) 主投影図だけで表した円筒形

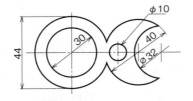

(b) 円形と円形の一部を欠いた図　　　(c) そのほかの直径図示例

図4－39　直径の寸法記入

4.2 寸法補助記号及び指示例

(6) 穴の寸法の表し方

① 穴の加工方法による表し方

きり穴，打抜き穴，鋳抜き穴などの穴の加工方法による区別を示す必要がある場合は，工具の呼び寸法又は基準寸法を示し，その後に加工方法を簡略指示する。この場合，寸法数値の前に直径の記号「φ」は付けない。ただし，表4-2に示すものについては，簡略表示を用いてもよい。

穴の寸法の表し方の例を，図4-40に示す。

表4-2 穴の加工方法の簡略表示（JIS B 0001：2019）

加工方法	簡略指示	簡略表示 (加工方法記号)
鋳放し	イヌキ	ー
プレス抜き	打ヌキ	PPB
きりもみ	キリ	D
リーマ仕上げ	リーマ	DR

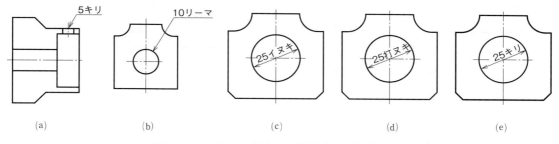

図4-40 穴の加工方法の指示と簡略指示する例

② 同一の多数穴の表し方

同一寸法の穴や形状が多数整列した状態の寸法を記入する場合は，一つの穴から引出線を引いて，その総数を表す数字の次に「×」を挟んで穴の寸法を記入する。この場合の穴の総数は，同一箇所の一群の穴の総数を記入する（図4-41）。

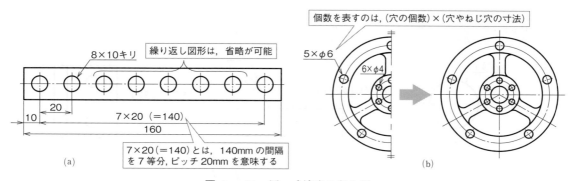

図4-41 同一寸法穴の記入例

③ 穴の深さの表し方

穴の深さを指示するときは，穴の直径を示す寸法の後に，穴深さの記号「▽」とその数値を記入する（図4－42(a)）。ただし，貫通穴のときは，穴の深さを記入しない（同図(b)）。

なお，穴の深さとは，円筒部の深さで，きりの円すい部，リーマやタップ先端ののみ角などは含まない（同図(a)）。

また，傾斜した穴の深さは，穴の中心軸線上の長さで表す（図4－43）。

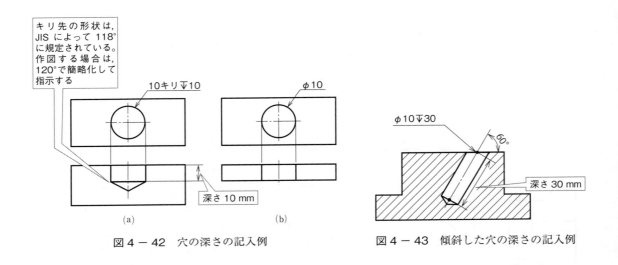

図4－42 穴の深さの記入例　　図4－43 傾斜した穴の深さの記入例

④ ざぐり穴の表し方

ざぐり又は深ざぐりの表し方を指示するときは，ざぐりを付ける穴の直径を示す寸法の前に，ざぐりの記号「⌴」を記入する（図4－44，図4－45）。この場合，穴とざぐり穴を並列に記載してもよい。

また，深ざぐりの底の位置を反対側の面からの寸法を規制する必要がある場合には，その寸法を指示する（図4－45(c)）。

図4－44 ざぐり穴の表し方

4.2 寸法補助記号及び指示例

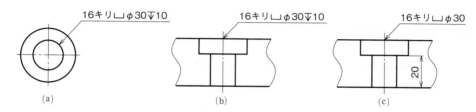

図4－45 深ざぐり穴の表し方

⑤ 皿ざぐり穴の表し方

皿ざぐりの表し方を指示するときは，皿ざぐりの記号「∨」に続けて，皿ざぐり穴の入り口の直径の数値を記入する（図4－46(a)，(b)）。皿ざぐり穴の深さの数値を指示する場合は，皿ざぐり穴と開き角及び皿ざぐり穴の深さの数値を記入する（同図(c)）。深ざぐりと同様に，並列に記載してもよい。

また，皿ざぐりの記号を使わない場合と簡略図示方法は，同図(e)，(f)のとおりである。

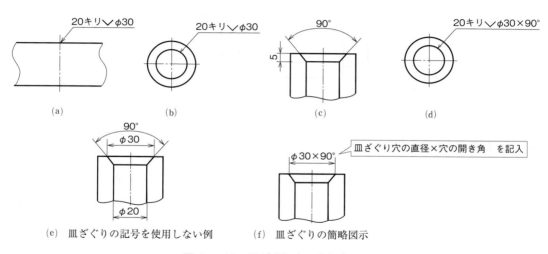

図4－46 皿ざぐり穴の表し方

⑥ 長円の穴の表し方

長円の穴は，穴の機能又は加工方法によって，図4－47のいずれかの寸法の記入方法による。

なお，同図(a)，(b)は，半径の寸法がほかの寸法から自然に決定するもので，両側の形体は，円弧であることを示すため（R）と指示し，半径の寸法数値は記入しない。

同図(c)は，工具の回転軸線の移動距離及び工具径を表し，この場合，指示は1カ所だけとする。

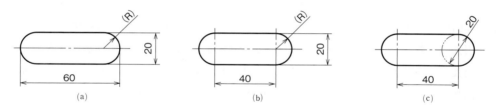

図4－47 長円の穴の表し方

第4章 寸法記入方式

(7) 球の直径又は半径の表し方

① 球の直径又は半径の寸法は，記号「Sφ」又は「SR」を，寸法数値の前に，寸法数値と同じ文字高さで記入して示す（図4－48(a)，(b)）。
② 球の半径の寸法がほかの寸法から自然に決定する場合は，寸法線と記号（SR）によって指示する。寸法数値は，記入しない（同図(c)）。

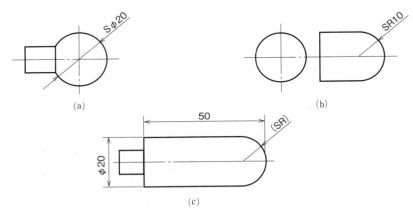

図4－48 球の直径，半径の表し方

(8) 弦，円弧の表し方

① 弦の長さは，弦に直角に寸法補助線を引き，弦に平行な寸法線を用いて表す（図4－49(b)）。
② 円弧の長さは，弦と同様な寸法補助線を引き，その円弧と同心の円弧を寸法線として，記号「⌒」を寸法数値の前に記入して示す（同図(c)）。

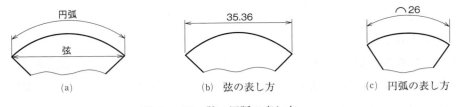

図4－49 弦，円弧の表し方

③ 円弧を構成する角度が大きいときや連続して円弧の寸法を記入するときは，円弧の中心から放射状に引いた寸法補助線に寸法線を当ててもよい（図4－50(b)，(c)）。この場合，二つ以上の同心の円弧のうち，一つの円弧の長さを表す必要があるときは，次のいずれかによる。
・円弧の寸法数値に対し，引出線を引き，引き出された円弧の側に矢印を付ける（同図(b)）。
・円弧の長さを表す寸法数値の後に，円弧の半径を（ ）に入れて示す。この場合，円弧の記号「⌒」を付けてはならない（同図(c)）。

4.2 寸法補助記号及び指示例

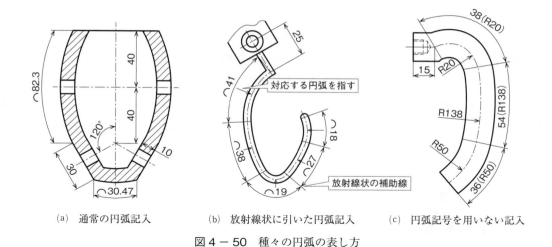

(a) 通常の円弧記入　　(b) 放射線状に引いた円弧記入　　(c) 円弧記号を用いない記入

図4-50　種々の円弧の表し方

(9) 曲線の表し方

円弧で構成される曲線の寸法は，円弧の半径とその中心，又は円弧の接線の位置で表す（前記の図4-34(a)，図4-51(a)）。円弧で構成されない場合は，曲線上の任意の点の座標寸法で表す（図4-51(b)）。これは，円弧で構成される曲線にも用いることができる（同図(c)）。

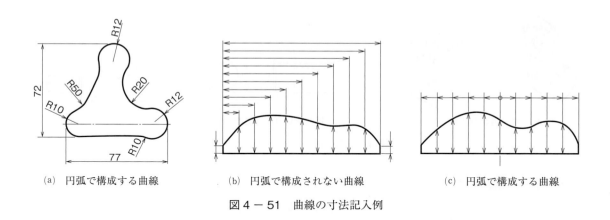

(a) 円弧で構成する曲線　　(b) 円弧で構成されない曲線　　(c) 円弧で構成する曲線

図4-51　曲線の寸法記入例

4.2.2　そのほかの形状による寸法記入

ここでは，寸法補助記号以外に，形状による寸法記入が複雑な場合について述べる。

(1) キー溝の表し方

キー溝とは，歯車やプーリなどと軸を結合し，滑りをなくして回転を伝えるための「キー」と呼ばれる部品をはめ込むための溝である（図4-52(a)）。ここでは，キー溝の表し方について述べる。

a 軸のキー溝

円筒軸のキー溝の表し方は，キー溝の幅，深さ，長さ，位置及び端部を表す寸法線を用いる（図4－52(b)，(c)）。キー溝の端部をフライス工具などによって切り上げる場合（同図(d)）は，基準の位置から工具の中心までの距離と工具の直径とを示す（同図(e)）。

また，キー溝の深さは，キー溝と反対側の軸径面から，キー溝の底までの寸法で表す。ただし，特に必要な場合には，キー溝の中心面における軸径面から，キー溝の底までの寸法（切込み深さ）で表してもよい（同図(f)）。

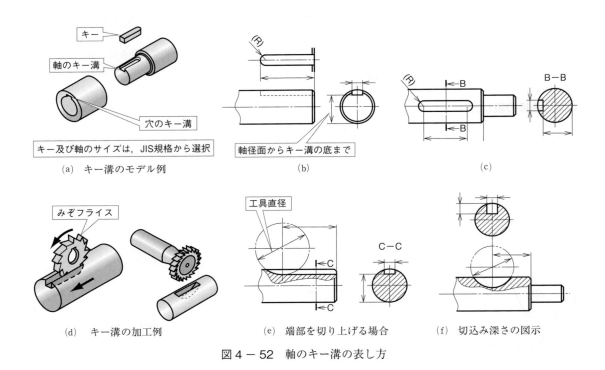

図4－52　軸のキー溝の表し方

b テーパ軸のキー溝

テーパ軸のキー溝は，個々の形体の寸法を指示する（図4－53）。

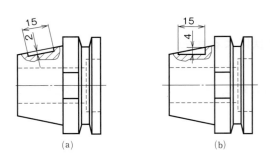

図4－53　テーパ軸のキー溝の表し方

c 穴のキー溝

穴のキー溝の表し方は，キー溝の幅及び深さを表す寸法線を用いる。キー溝の深さは，キー溝と反対側の穴径面からキー溝の底までの寸法で表す（図4-54(a)）。ただし，特に必要な場合には，キー溝の中心面における穴径面からキー溝の底までの寸法（切込み深さ）で表してもよい（同図(b)）。

こう配キー用のボス（突起部分）のキー溝の深さは，キー溝の深い側で表す（同図(c)）。

また，キー溝が断面に現れている場合のボスの内径寸法は，片矢の端末記号で指示する（同図(d)）。

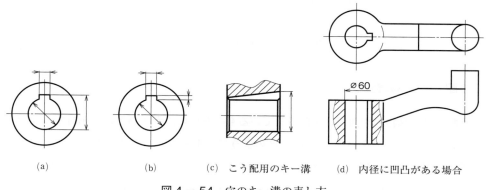

(a)　　　　(b)　　　(c) こう配用のキー溝　　(d) 内径に凹凸がある場合

図4-54　穴のキー溝の表し方

d 円すい穴のキー溝

円すい穴のキー溝は，キー溝に直角な断面における寸法を指示する（図4-55）。

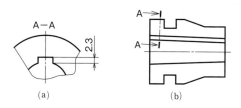

図4-55　円すい穴のキー溝の表し方

e 円筒軸の複数のキー溝

円筒軸における複数の同一寸法のキー溝は，一つのキー溝の寸法を指示し，別のキー溝には，個数を指示する（図4-56）。

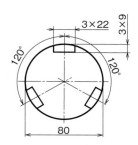

図4-56　複数の同一寸法のキー溝の表し方

(2) 円筒軸，円筒穴の止め輪溝の表し方

円筒軸や円筒穴に設ける止め輪溝は，溝幅及び溝底の直径を指示する（図4－57）。

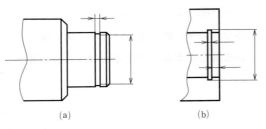

図4－57 止め輪溝の表し方

(3) こう配，テーパの表し方

① こう配とは，品物の片面だけが傾斜しているものをいい，テーパとは，相対する両側面が対称的に傾斜しているものをいう。図4－58のように $(A-B):L$ で表される。それぞれ，形体の外形線から引出線を結び，参照線を水平に引いて指示する（図4－58，図4－59）。

② 傾斜の向きを表す図記号（こう配「◁」，テーパ「▷」）を，参照線に記入する（図4－59）。

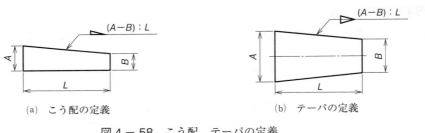

図4－58 こう配，テーパの定義

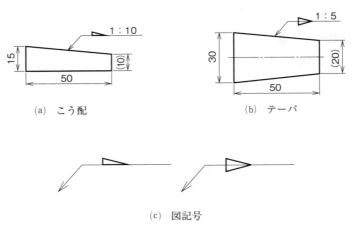

図4－59 こう配，テーパの寸法記入例

4.2 寸法補助記号及び指示例

(4) 構造物などの表し方（形鋼，鋼管）

① 構造線図で格点間の寸法を表す場合は，部材を示す線に沿って寸法を記入する（図4－60(a)）。
② 形鋼，鋼管，角鋼などの寸法は，表4－3の表示方法によって，それぞれの図形に沿って記入することができる。この場合，長さ寸法は，必要なければ省略してもよい（同図(b)）。
　なお，不等辺山形鋼などを指示する場合は，その辺がどのように置かれるか明確にするために，図に現れている辺の寸法を記入する。

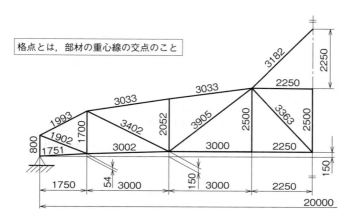

(a) 構造線図の寸法記入例

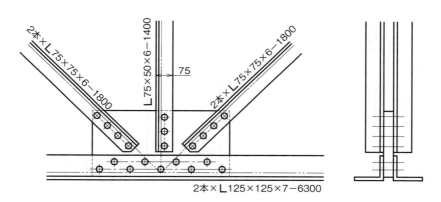

(b) 形鋼などへの寸法記入例

図4－60　構造物などの表し方（JIS B 0001：2019）

第4章　寸法記入方式

表4－3　形鋼，鋼管，角鋼などの寸法（JIS B 0001：2019）

種　類	断面形状	表示方法	種　類	断面形状	表示方法
等辺山形鋼		$\llcorner A \times B \times t - L$	ハット形鋼		$\sqcap H \times A \times B \times t - L$
不等辺山形鋼		$\llcorner A \times B \times t - L$	丸鋼 （普通）		$\phi A - L$
不等辺不等厚 山形鋼		$\llcorner A \times B \times t_1 \times t_2 - L$	鋼管		$\phi A \times t - L$
I 形鋼		$\mathrm{I} H \times B \times t - L$	T 形鋼		$\top B \times H \times t_1 \times t_2 - L$
溝形鋼		$\llbracket H \times B \times t_1 \times t_2 - L$	H 形鋼		$\mathrm{H} H \times A \times t_1 \times t_2 - L$
球平形鋼		$\mathrm{J} A \times t - L$	軽溝形鋼		$\llbracket H \times A \times B \times t - L$
軽 Z 形鋼		$\mathrm{Z} H \times A \times B \times t - L$	角鋼管		$\square A \times B \times t - L$
リップ溝形鋼		$\llbracket H \times A \times C \times t - L$	角鋼		$\square A - L$
リップ Z 形鋼		$\mathrm{Z} H \times A \times C \times t - L$	平鋼		$\square B \times A - L$

備考　L は，長さを表す。

－ 102 －

4.2 寸法補助記号及び指示例

(5) **薄肉部の表し方**

① 薄肉部品の断面は，一本の極太線で表す。この場合，板の内側か外側の寸法かを明確にするために，極太線に沿って，短い細い実線を描き，これに寸法線の端末記号を記入する。この場合，細い実線を沿わせた側までの寸法を意味する（図4－61）。

② 内側を示す寸法には，寸法数値の前に「int」を付記してもよい（図4－62）。

③ 製缶品などの形体が徐々に寸法を増加や減少させて（これを，徐変する寸法という），ある寸法になるようにしたい場合には，対象とする形体から引出線を引き出し，参照線の上側に「徐変する寸法」と指示する（図4－63）。

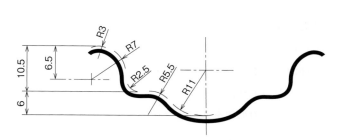

図4－61 薄肉部の表し方（JIS B 0001：2019）

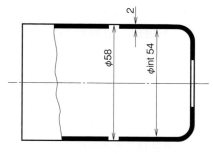

図4－62 「int」の指示例

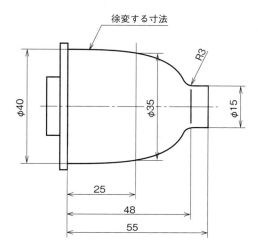

図4－63 徐変する寸法

第4章　寸法記入方式

4.3　寸法記入における留意事項

　ここまで寸法記入における基本事項を説明したが，実際に寸法記入する際の注意すべき事項について述べる。

4.3.1　JIS における寸法記入の一般原則

① 対象物の機能や製作，組み立てのことなどを考慮し，図面に必要不可欠な寸法を明確に示す。
② 対象物の大きさや姿勢，位置を最も明確に表すために必要な寸法を，不足なく記入する。
③ 寸法は，寸法線や寸法補助線，寸法補助記号などを用いて，寸法数値で示す。
④ 寸法は，主投影図にできる限り集中して指示する。
⑤ 図面には，特に明示がない場合は，その図面に図示した対象物の仕上がり寸法を示す。
⑥ 寸法は，可能な限り，計算して求める必要がないように記入する。
⑦ 基準とする形体（点，線，面）があるときは，その形体を基にした寸法を記入する。
⑧ 寸法は，可能な限り，工程ごとの配列に分けて記入する。
⑨ 関連する寸法は，可能な限り，1カ所にまとめて記入する。
⑩ 寸法は，重複して記入しない。重複寸法が必要な場合は，図面に，重複を意味する記号（黒丸 ●）を寸法数値の前に注記する。
⑪ 円弧の部分の寸法は，その角度が 180° までは半径で表し，それ以上の場合は直径で表す。
⑫ 機能上必要な寸法には，JIS Z 8318 に従って寸法の許容限界又は許容限界サイズを示す。
　　　ただし，理論的に正確な寸法及び参考寸法は除く。

上記は，JIS による寸法記入についての一般事項があるが，次に特に注意すべき点を紹介する。

(1)　主投影図に集中した寸法記入

寸法は，主投影図（正面図）に集中して記し，記入できない場合に補足の投影図に記入する。
　また，補足の投影図を用いる場合は，関連する寸法を図形と図形の中間に記入するとよい（図4-64）。

— 104 —

4.3 寸法記入における留意事項

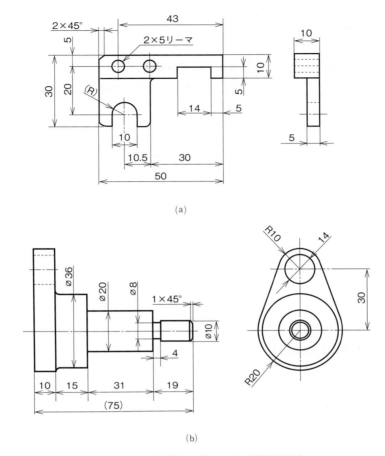

図4−64 主投影図に集中した寸法記入例

(2) **計算する必要がない寸法記入**

加工や寸法測定で作業者の効率，計算ミスの防止を考慮し，なるべく計算して寸法を求める必要がないように記入する（図4−65(a)）。

また，参考寸法「（ ）」を用いるのもよい（同図(b)）。

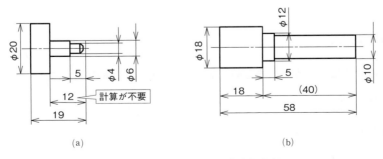

図4−65 計算の必要ない寸法記入例

第4章 寸法記入方式

(3) 基準箇所を基にした寸法記入

加工や組み立てに必要な基準となる箇所がある場合には，図4－66に示すようにその箇所を基にして記入する。特に基準であることを示す必要がある場合は，基準となる形体（点，線，面）にその旨を記入する（同図(c)）。

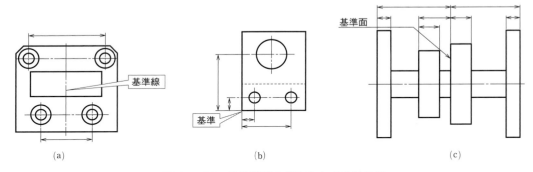

図4－66 基準箇所を基にした寸法記入例

(4) 隣り合って連続した寸法記入

寸法が隣接して連続する場合，寸法線は，一直線上に揃えて記入するのがよい（図4－67(a)）。
また，主投影図と補足の投影図が互いに関連する部分の寸法線も，同一直線上に揃えて記入するとよい（同図(b)）。

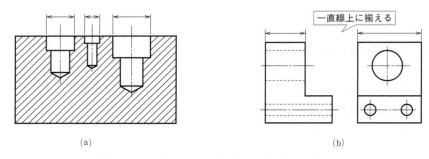

図4－67 隣り合って連続した寸法記入例

(5) 関連する寸法記入

互いに関連する寸法は，1カ所にまとめて記入する。図4－68のように，穴の直径，穴の配置などはまとめて記入する。

(6) 加工工程を考慮した寸法記入

いくつかの加工工程からなる部品は，可能な限り工程別に寸法を分けて記入する（図4－69）。

4.3 寸法記入における留意事項

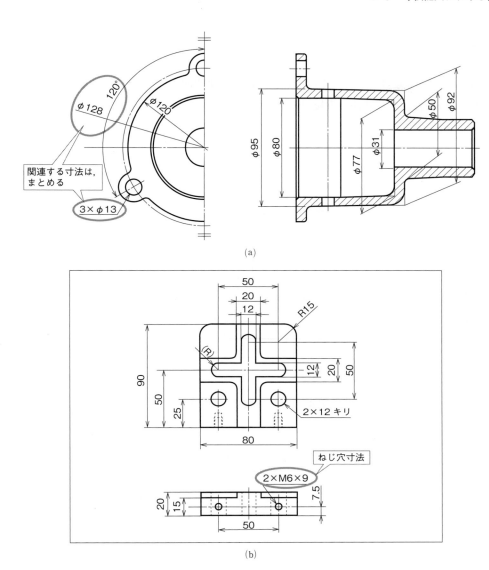

図4-68 関連した寸法記入例

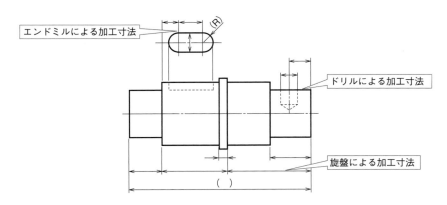

図4-69 加工工程を考慮した寸法記入例

(7) **重複する寸法記入**

寸法の重複記入は，避ける。ただし，一品多葉図で，重複記入したほうが分かりやすい場合には，図4－70のように注記し，寸法の重複記入をしてもよい。

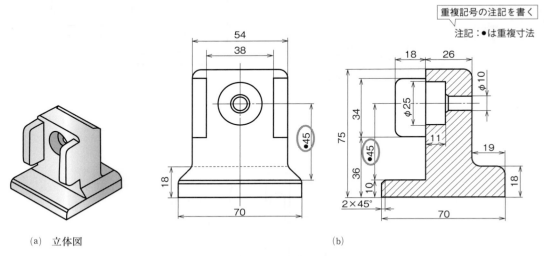

図4－70　重複寸法の記入例

4.4 特殊な寸法記入

ここでは，図面が複雑にならないように，読図を助けるための便利な寸法記入方式について述べる。

4.4.1 同一形状の寸法指示

T形管継手，コックなどのフランジのように，一つの部品にまったく同一寸法の部分が二つ以上ある場合，寸法は，そのうちの一つにだけ記入し，ほかの部分に同一寸法であることの注記を記入する（図4－71）。

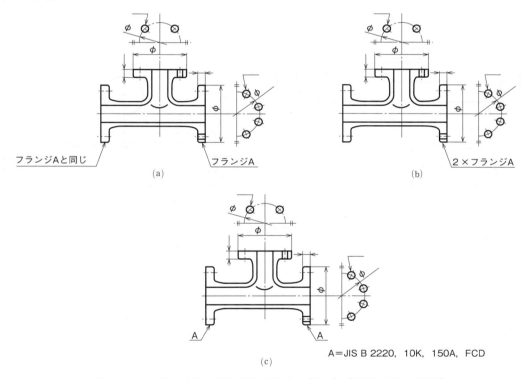

図4－71　同一寸法の部分がある場合の表し方（JIS B 0001：2019）

4.4.2 尺度に比例しない寸法

図形の一部が尺度に比例しないときは，寸法数値の下に太い実線を引く（図4－72）。

第4章　寸法記入方式

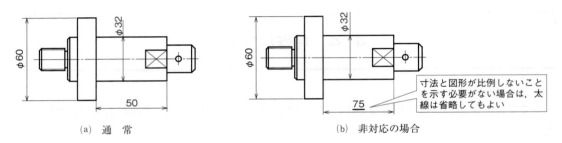

(a) 通常　　　　　　　　　　(b) 非対応の場合

図4−72　非比例寸法の表し方

4.4.3　特殊指定線の指示

加工・処理範囲を指示する場合には，特殊な加工を示す太い一点鎖線の位置及び範囲の寸法を記入する（図4−73）。

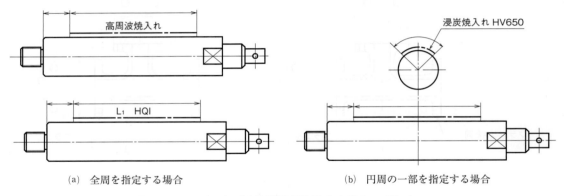

(a) 全周を指定する場合　　　　　　(b) 円周の一部を指定する場合

図4−73　加工・処理範囲を指示する場合の表し方

第4章　章末問題

[1] 寸法記入方式について，次の（　）内に適切な語句や数字を記入せよ。
① 寸法記入の原則として，寸法は，（　a　）に集中して指示する。
② 寸法数値は，水平及び垂直方向に対して，（　b　）から読めるよう指示する。
③ 機械製図では，端末記号には，（　c　）が主に用いられる。
④ 寸法線から引出線を引き出す場合の端末記号は（　d　）。
⑤ 形状を表す線の内側から引き出す場合の端末記号には，（　e　）を用いる。
⑥ 角度の寸法数値は，（　f　）で表し，数字の右肩に（　g　）の単位を記入する。
⑦ 各寸法を一列に配列して記入する方法を（　h　）という。
⑧ 基準形体から各形体までの寸法を一直線上に記入する方法を（　i　）という。
⑨ 円弧部分の寸法は，（　j　）までは半径で表し，それを超える場合は直径で表す。
⑩ 寸法数字が図と一致しないときは，寸法数字の下に（　k　）を引く。

[2] 次の各表示の意味を答えよ。
① φ30　　　② t1.2　　　③ Sφ30　　　④ R30
⑤ C2　　　⑥ □15　　　⑦ (30)
⑧ 6×10リーマ　　⑨ φ8∨φ14　　⑩ 6キリ⌴φ14▽6

[3] 次の図に，必要な寸法線及び寸法補助線を記入せよ。ただし，寸法数値は，記入しない。

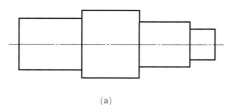
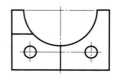

(a)　　　　　　　　　　　　　　　　　　　　(b)

第4章　寸法記入方式

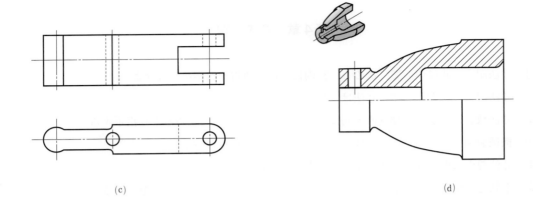

(c)　　　　　　　　　　　　　　　(d)

[4]　次図について，右の投影図に寸法を記入せよ．ただし，1マスは，5 mm とする．

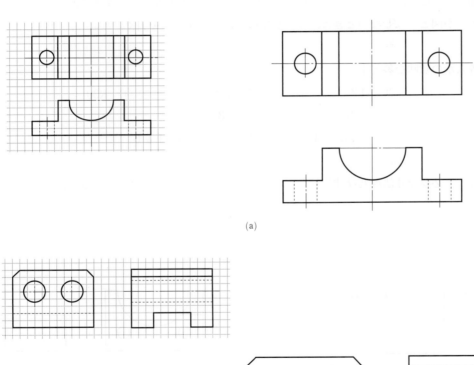

(a)

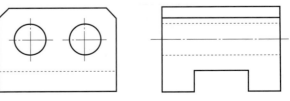

(b)

— 112 —

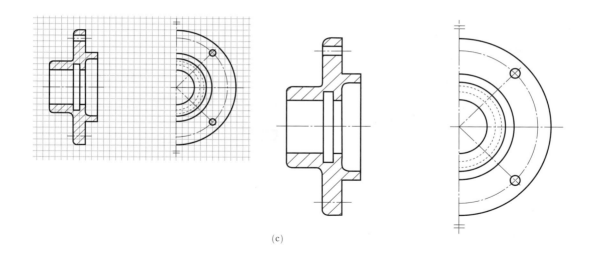

(c)

[5] 第3章の章末問題［5］で描いた図(a)〜(d)の投影図に，寸法を記入せよ．

[6] 次図に，必要な寸法線及び寸法補助線を記入せよ．

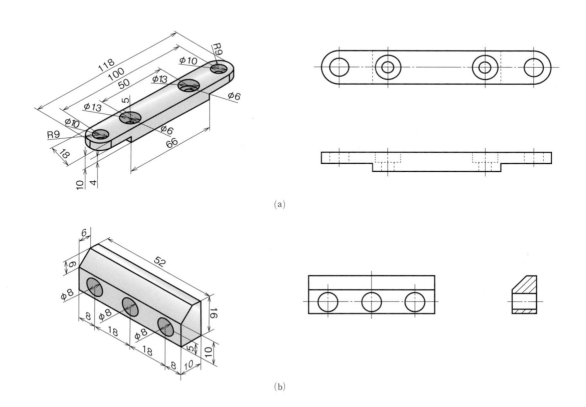

(a)

(b)

第4章 寸法記入方式

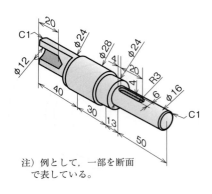

注）例として，一部を断面で表している。

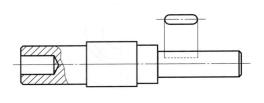

(c)

第5章
寸法公差表示方式

第5章 寸法公差表示方式

5.1 寸法公差表示方式の基本原則

5.1.1 寸法公差

　機械は，図5－1に示すように，穴と軸，溝と直方体などの物体の組み合わせによって構成されており，これらは**サイズ形体**と呼ばれる。サイズ形体は，穴や溝の内面を表す**内側サイズ形体**と，軸や直方体の外面を表す**外側サイズ形体**とに分類され，それらは，**大きさ寸法**（Size Dimension）によって決まる。

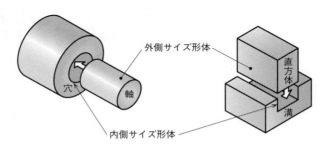

(a) 穴と軸　　　　　　　(b) 溝と直方体

図5－1　サイズ形体の組み合わせ

　寸法は，図5－2(a)に示すように，JISでは**長さ寸法**と**角度寸法**とに区分され，それらはそれぞれ**寸法**と**サイズ**とに区分される。ここで，「寸法」とは同図(b)の穴の中心座標のように，何カ所か測り，計算によって間接的に求めるような距離などを指示するものである。「サイズ」とはノギスやマイクロメータ，角度定規などで直接測定できる大きさを指示するものであり，大きさ寸法のことである。

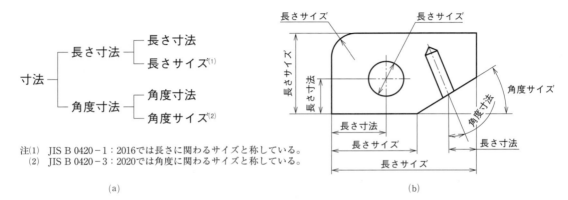

図5－2　形体の寸法区分

実際の加工では，寸法に加工時の狂いの**許容限界**（最大値と最小値）を与え，形体がその中に入っていれば合格となる。許容限界の最大値と最小値を**許容限界寸法**といい，大きいほうを**上の許容寸法**，小さいほうを**下の許容寸法**という。そして，上の許容寸法から下の許容寸法を差し引いた絶対値（プラスの値）を**寸法公差**という。

このように，寸法の許容限界を図面に指示する方式を**寸法公差表示方式**といい，その一例として，内側サイズ形体と外側サイズ形体との相互関係を図5－3に示す。特に，同図のようなサイズ形体のはめあいに関わる名称は，「寸法」を「サイズ」に書き換えて用いる。

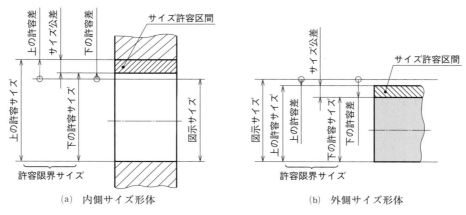

図5－3　サイズ形体に関わる寸法公差表示方式の関係図

5.1.2　寸法公差表示方式による指示方法

寸法公差表示方式による表記には，図5－4に示すとおり，いくつかの指示方法がある。

① **図示寸法**の次に**上の許容差**と**下の許容差**を上下に併記する（同図(a)）。同図の場合，図示寸法は40であり，上の許容差は＋0.12，下の許容差は－0.24である。このように，正・負の符号をもつものを両側公差という。

② 一列にして，上の許容差に続けて下の許容差を斜線で区切って記入する（同図(b)）。この方法は，文章中に1行で記述したいときにも利用できる。

③ いずれか一方の数値がゼロの場合は，数字0で示す（同図(c)）。同図のように，一方の数値が0の場合，又は，上・下の許容差が同符号の場合を**片側公差**という。

　　上・下の許容寸法のいずれか一方の数値を0としたものは許容差（上の許容差又は下の許容差）と寸法公差との数値が等しくなる。

　　なお，0の場合には正負の符号は付かない。

④ 上・下の許容差が等しい場合は，許容差の数値の前に±の符号を付ける（同図(d)の±0.1）。

⑤ 上の許容寸法と下の許容寸法（許容限界寸法）を，上下に併記する（同図(e)）。

第5章 寸法公差表示方式

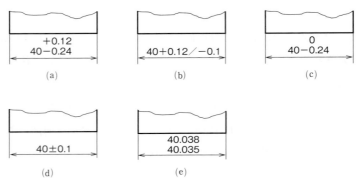

図5－4 長さ寸法の許容限界の指示例

一方の限界だけを示し，もう一方を重要視しない場合は，図5－5のように上又は下の許容寸法のみを指示できる．上の許容寸法を指示する場合は max，下の許容寸法を指示する場合は min を寸法数値の後ろに付ける．

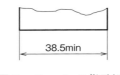

図5－5 min の指示例

5.1.3 組み立て状態での許容限界の指示方法

機械部品などの組み立て状態で許容限界を指示する場合は，図5－6(a)のように形体の種類を文字で指示する場合（穴か軸か）と，同図(b)のように記号（又は数字）によって指示する場合とがある．いずれの場合も，穴の寸法は軸の寸法の上側に指示する．

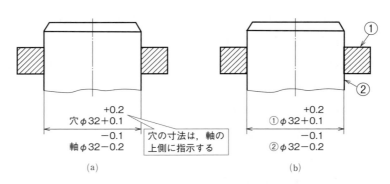

図5－6 組み立て状態の許容限界（数値による）の指示例

— 118 —

5.1.4　角度寸法及び角度サイズの許容限界による指示方法

角度寸法の許容限界の指示方法は，図5－7のように長さ寸法と同様に指示する。ただし，角度の場合には，数値に必ず角度の単位記号（［°］，［′］，［″］）を付けなければならない。

角度寸法の許容限界をラジアンで指示する方法は，図5－8のように，角度寸法に「rad」を付け，その後に許容差を分数，又は少数で表示し，さらに「rad」を付けて指示する。

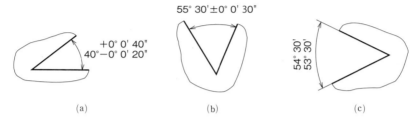

図5－7　角度寸法の許容限界の指示例

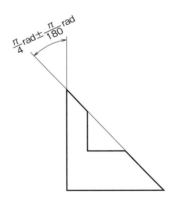

図5－8　ラジアンの指示例

5.2 寸法許容限界記入に関する一般的な注意事項

寸法公差は，図5－9のように機能を要求する形体に直接記入し，重要ではない箇所は同図(a)の(40)のように数値を括弧で囲い**参考寸法**とするか，あるいは同図(b)，(c)のように空白にする。

また，寸法公差の累積が他の寸法に影響を与えることを考慮し，互いに矛盾がないかどうかを判断して記入方法を選ぶ（図5－10）。

図5－9　機能を要求する形体に直接記入する例

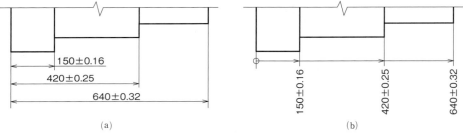

図5－10　公差の累積を避ける寸法記入例

5.3 はめあい方式

5.3.1 はめあい

穴と軸の組み合わせ及び，溝と直方体が互いにはまり合う関係を**はめあい**（fits）という。はめあいは，理論的な計算や長い経験あるいは試作評価に基づいて定められた，重要な設計要素である。

はめあいは，図5－11の「**すきま（穴径≧軸径）**」か，「**しめしろ（穴径＜軸径）**」を生じる。図5－12の関係図でいうと，**すきまばめ**，**中間ばめ**，及び**しまりばめ**の3種類がある。

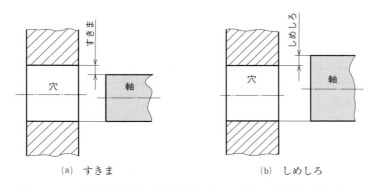

図5－11　穴径と軸径の大小関係によって生じるすきまとしめしろ

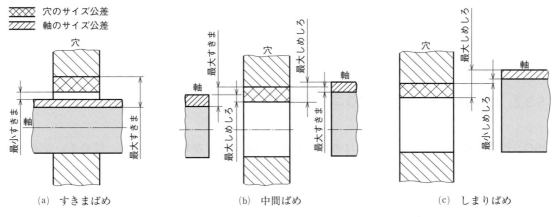

図5－12　はめあいの差で生じるすきまとしめしろの関係

① すきまばめ

すきまばめは，はめ合わせたときに穴と軸との間に常にすきまができる。穴の下の許容サイズより軸の上の許容サイズが小さいはめあいである。穴と軸のサイズ差によって**最大すきま**と**最小すきま**と

― 121 ―

第5章 寸法公差表示方式

なる。

② 中間ばめ

中間ばめは，穴と軸を組み合わせたときに，穴と軸との間にすきま，又はしめしろのいずれかができる。穴と軸の寸法差によって，最大すきまと**最大しめしろ**となる。

③ しまりばめ

しまりばめは，はめ合わせたときに，穴と軸との間に常にしめしろができる。穴と軸の寸法差によって，最大しめしろと**最小しめしろ**となる。

なお，しまりばめを実施する方法には，機械的な圧力で軸と穴を入れ込む方法（**圧入**），穴を加熱して膨張させる方法（**焼きばめ**），軸を冷却して縮小させる方法（**冷しばめ**）などがある。

穴と軸のはめあいの種類によって得られる各数値の一例を，表5－1に示す。

表5－1　はめあいの種類と各数値の一例

[単位：mm]

はめあいの種類	すきまばめ		中間ばめ		しまりばめ	
サイズ公差	穴 $\phi 32 {}^{+0.02}_{0}$	軸 $\phi 32 {}^{0}_{-0.03}$	穴 $\phi 40 {}^{+0.025}_{0}$	軸 $\phi 40 \pm 0.008$	穴 $\phi 40 {}^{+0.025}_{0}$	軸 $\phi 40 {}^{+0.042}_{+0.026}$
公差の種類	片側公差	片側公差	片側公差	両側公差	片側公差	片側公差
図示サイズ	32	32	40	40	40	40
上の許容差	+0.02	0	+0.025	+0.008	+0.025	+0.042
下の許容差	0	−0.03	0	−0.008	0	+0.026
上の許容サイズ	32.02	32	40.025	40.008	40.025	40.042
下の許容サイズ	32	31.97	40	39.992	40	40.026
すきま又はしめしろの最大・最小値	最大すきま　0.05		最大すきま　0.033		−	
	最小すきま　0		−		−	
	−		最大しめしろ　0.008		最大しめしろ　0.042	
	−		−		最小しめしろ　0.001	

5.3.2　ISO はめあい方式（ISO コード方式）

ISO（国際標準化機構）では **ISO はめあい方式**（**ISO コード方式**）を制定し，はめあいの国際的な標準化と統一化を図っている。ISO はめあい方式は，例えば「ϕ 35 H7」のように，図示サイズの後にアルファベットと数字の組み合わせで表現される。ここで，H7 は**公差クラス**[注1]，H は**基礎となる許容差**，7 は**基本サイズ公差等級**を表す。基本サイズ公差等級は **IT**[注2] の文字とそれに続く等級番号で指定するが，公差クラスを示す場合は IT の文字を省略する。

注1）JIS B 0401 の 2016 年改正で，公差域クラスを公差クラスと変更している。
注2）International Tolerance の略号。

(1) 基礎となる許容差

基礎となる許容差の区間は，穴の場合，A から ZC までの大文字記号で区分され，軸の場合は a から zc までの小文字記号で区分されている（図 5 − 13）。ただし，間違いを避けるために，大文字記号 I，L，O，Q，W 及び小文字記号 i，l，o，q，w は使用しない。

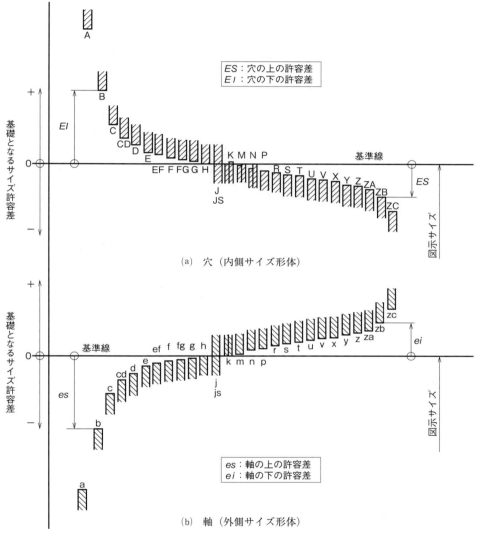

図 5 − 13　穴と軸の基礎となるサイズ許容差の位置（JIS B 0401 − 1 : 2016）

(2) 基本サイズ公差等級（IT）

基本サイズ公差等級（IT）は表 5 − 2 のように，計算式などで 20 種類が規定され，公差値の許容区間を定めている。

第 5 章　寸法公差表示方式

表 5 － 2　図示サイズに対する基本サイズ公差等級（IT）の数値（3150 mm まで）（JIS B 0401 － 1：2016）

図示サイズ [mm]		基本サイズ公差等級																		
		IT01	IT0	IT1	IT2	IT3	IT4	IT5	IT6	IT7	IT8	IT9	IT10	IT11	IT12	IT13	IT14	IT15	IT16	IT17	IT18
		基本サイズ公差値																		
超	以下	[μm]												[mm]						
－	3	0.3	0.5	0.8	1.2	2	3	4	6	10	14	25	40	60	0.1	0.14	0.25	0.4	0.6	1	1.4
3	6	0.4	0.6	1	1.5	2.5	4	5	8	12	18	30	48	75	0.12	0.18	0.3	0.48	0.75	1.2	1.8
6	10	0.4	0.6	1	1.5	2.5	4	6	9	15	22	36	58	90	0.15	0.22	0.36	0.58	0.9	1.5	2.2
10	18	0.5	0.8	1.2	2	3	5	8	11	18	27	43	70	110	0.18	0.27	0.43	0.7	1.1	1.8	2.7
18	30	0.6	1	1.5	2.5	4	6	9	13	21	33	52	84	130	0.21	0.33	0.52	0.84	1.3	2.1	3.3
30	50	0.6	1	1.5	2.5	4	7	11	16	25	39	62	100	160	0.25	0.39	0.62	1	1.6	2.5	3.9
50	80	0.8	1.2	2	3	5	8	13	19	30	46	74	120	190	0.3	0.46	0.74	1.2	1.9	3	4.6
80	120	1	1.5	2.5	4	6	10	15	22	35	54	87	140	220	0.35	0.54	0.87	1.4	2.2	3.5	5.4
120	180	1.2	2	3.5	5	8	12	18	25	40	63	100	160	250	0.4	0.63	1	1.6	2.5	4	6.3
180	250	2	3	4.5	7	10	14	20	29	46	72	115	185	290	0.46	0.72	1.15	1.85	2.9	4.6	7.2
250	315	2.5	4	6	8	12	16	23	32	52	81	130	210	320	0.52	0.81	1.3	2.1	3.2	5.2	8.1
315	400	3	5	7	9	13	18	25	36	57	89	140	230	360	0.57	0.89	1.4	2.3	3.6	5.7	8.9
400	500	4	6	8	10	15	20	27	40	63	97	155	250	400	0.63	0.97	1.55	2.5	4	6.3	9.7
500	630			9	11	16	22	32	44	70	110	175	280	440	0.7	1.1	1.75	2.8	4.4	7	11
630	800			10	13	18	25	36	50	80	125	200	320	500	0.8	1.25	2	3.2	5	8	12.5
800	1000			11	15	21	28	40	56	90	140	230	360	560	0.9	1.4	2.3	3.6	5.6	9	14
1000	1250			13	18	24	33	47	66	105	165	260	420	660	1.05	1.65	2.6	4.2	6.6	10.5	16.5
1250	1600			15	21	29	39	55	78	125	195	310	500	780	1.25	1.95	3.1	5	7.8	12.5	19.5
1600	2000			18	25	35	46	65	92	150	230	370	600	920	1.5	2.3	3.7	6	9.2	15	23
2000	2500			22	30	41	55	78	110	175	280	440	700	1100	1.75	2.8	4.4	7	11	17.5	28
2500	3150			26	36	50	68	96	135	210	330	540	860	1350	2.1	3.3	5.4	8.6	13.5	21	33

(3)　**公差クラスから許容区間を求める方法**

上・下の許容区間は，図 5 － 13 及び表 5 － 2 ～表 5 － 4 を利用して，算出することができる。

表 5 － 3　穴の許容差の表（JIS B 0401 － 1：2016）

A〜G	H	JS	J	
$ES = EI + \mathrm{IT}$	$ES = 0 + \mathrm{IT}$	$ES = +\mathrm{IT}/2$	$ES > 0$ 注)	$ES >$
$EI > 0$ 注)	$EI = 0$ 注)	$EI = -\mathrm{IT}/2$ 注)		

注）表 5 － 4 参照。

表5－4　穴の基礎となる許容差の数値（JIS B 0401 - 1：2016）

図示サイズ[mm]		基礎となる許容差の数値 [μm]																		
		下の許容差, EI												上の許容差, ES						
		全ての基本サイズ公差等級												IT6	IT7	IT8	IT8以下	IT8超	IT8以下	IT8超
超	以下	A	B	C	CD	D	E	EF	F	FG	G	H	JS	J			K		M	
－	3	+270	+140	+60	+34	+20	+14	+10	+6	+4	+2	0		+2	+4	+6	0	0	-2	-2
3	6	+270	+140	+70	+46	+30	+20	+14	+10	+6	+4	0		+5	+6	+10	-1+△		-4+△	-4
6	10	+280	+150	+80	+56	+40	+25	+18	+13	+8	+5	0		+5	+8	+12	-1+△		-6+△	-6
10	14	+290	+150	+95	+70	+50	+32	+23	+16	+10	+6	0		+6	+10	+15	-1+△		-7+△	-7
14	18	+290	+150	+95	+70	+50	+32	+23	+16	+10	+6	0		+6	+10	+15	-1+△		-7+△	-7
18	24	+300	+160	+110	+85	+65	+40	+28	+20	+12	+7	0		+8	+12	+20	-2+△		-8+△	-8
24	30	+300	+160	+110	+85	+65	+40	+28	+20	+12	+7	0		+8	+12	+20	-2+△		-8+△	-8
30	40	+310	+170	+120	+100	+80	+50	+35	+25	+15	+9	0		+10	+14	+24	-2+△		-9+△	-9
40	50	+320	+180	+130	+100	+80	+50	+35	+25	+15	+9	0		+10	+14	+24	-2+△		-9+△	-9
50	65	+340	+190	+140		+100	+60		+30		+10	0		+13	+18	+28	-2+△		-11+△	-11
65	80	+360	+200	+150		+100	+60		+30		+10	0		+13	+18	+28	-2+△		-11+△	-11
80	100	+380	+220	+170		+120	+72		+36		+12	0		+16	+22	+34	-3+△		-13+△	-13
100	120	+410	+240	+180		+120	+72		+36		+12	0		+16	+22	+34	-3+△		-13+△	-13
120				+200																

【例】　穴 $\phi 35$ F8$\binom{+0.064}{+0.025}$ で表記される公差クラス F8 から，「上の許容差 +0.064」と「下の許容差 +0.025」を求める手順を述べる。

表5 - 3の穴の許容差の表より，基礎となる許容差 F は，

$$ES = EI + IT \quad\cdots\cdots\cdots\cdots\cdots\cdots\cdots\cdots\cdots\cdots\cdots\cdots\cdots\cdots\cdots\cdots\cdots\cdots\cdots\cdots \text{式（5 - 1）}$$

で求められる。

　ここで，ES は上の許容差，EI は下の許容差である。このうち EI は，表5 - 4の「図示サイズ」欄の「30 超 40 以下」の行を選び，次に「下の許容差」欄の「F」の列と交わるところを見れば +0.025 と求められる。同様に，IT の数値は表5 - 2 から 0.039 と求められる。

　以上から，上の許容差 ES は，式（5 - 1）より，ES = 0.025 + 0.039 = +0.064 となる。

　このようにして作成された公差クラスのうち，一般的によく使用される穴と軸の公差クラスの表を，巻末の付表1～4に示す。

　なお，ISO コード方式は，相対する平行二平面間，例えばキーとキー溝のはめあいなどにも適用できる。

— 125 —

5.3.3 公差クラスによる指示方法

公差クラスの図面への指示方法には，図5－14に示す種々の方法がある。
① 図示サイズの後に，公差クラスの記号で指示する（同図(a)）。
② 図示サイズの後に，公差クラスの記号及び括弧の中に上下の許容差を指示する（同図(b)）。
③ 図示サイズの後に，公差クラスの記号及び括弧の中に上下の許容サイズを指示する（同図(c)）。
④ 図示サイズの後に，上下の許容差及び括弧の中に公差クラスを指示する（同図(d)）。
⑤ 図示サイズの後に，上下の許容差又は公差クラスの後に包絡の条件Ⓔを付記できる（同図(e)）。
なお，Ⓔの意味は，第6章で述べる。

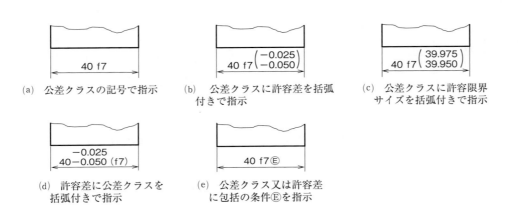

図5－14　公差クラスによる指示方法

組み立て部品のサイズ公差を公差クラスで指示する場合は，図5－15のように，図示サイズに続けて穴の公差クラスを軸の公差クラスの前（同図(a)），又は上側（同図(b)）に指示する。
なお，許容差を指示する必要がある場合は，括弧を付けて公差クラスの後に付記する（同図(c)）。

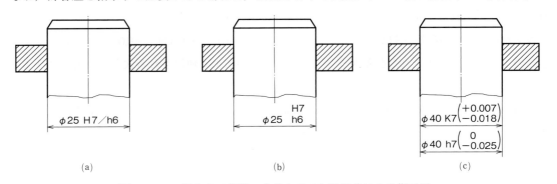

図5－15　組み立て状態の公差クラスと許容差による指示例

5.3 はめあい方式

5.3.4 推奨されるはめあい条件

(1) 穴基準はめあい方式と軸基準はめあい方式

　穴と軸との公差クラスの組み合わせの種類は膨大な数に上るが，「穴」を基準にするか，「軸」を基準にするかを決めれば，組み合わせの数は半減する。そこで，ISO はめあい方式では穴基準と軸基準の二つのはめあい方式が設けられている。

　一つの公差クラスの穴を基準として，それと種々の公差クラスの軸を組み合わせることによって，必要なすきま，又は，しめしろを与えるはめあい方式を**穴基準はめあい方式**という。ISO はめあい方式では特に，基礎となる許容差を**H穴基準（H穴）はめあい**[注3]にすることを推奨している。H穴基準はめあいは，下の許容差が0であるはめあい方式をいう。

　図5-16に，H穴基準はめあいとしたはめあいの組み合わせを示す。特に太枠で囲んだ灰色の公差クラスの組み合わせが推奨されている。

　また，一例として，同図のH7穴基準はめあいに対する軸のはめあいのイメージを示すと，図5-17のようになる。

穴基準	軸の公差クラス		
	すきまばめ	中間ばめ	しまりばめ
H6	g5　h5	js5　k5　m5	n5　p5
H7	f6　g6　h6	js6　k6　m6　n6	p6　r6　s6　t6　u6　x6
H8	e7　f7　　h7	js7　k7　m7	s7　　u7
	d8　e8　f8　h8		
H9	d8　e8　f8　h8		
H10	b9　c9　d9　e9	h9	
H11	b11　c11　d10	h10	

注）特に 　　　 が推奨されている。

図5-16　H穴基準はめあいで推奨される組み合わせ（JIS B 0401-1：2016）

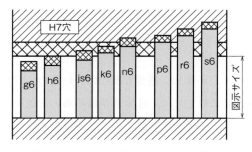

図5-17　H7穴基準はめあいの模式図

　一方，一つの公差クラスの軸を基準として，それと複数の公差クラスの穴とを組み合わせて，必要

注3）H穴とh軸とのはめあいは，「すきまばめ」に分類される。

第5章　寸法公差表示方式

なすきま，又は，しめしろを与える方式を**軸基準はめあい方式**という。

　ISOはめあい方式では，基礎となる許容差に**h軸基準（h軸）はめあい**を選択することを推奨している。h軸基準はめあいは，上の許容差が0であるはめあい方式をいう。

　h軸基準はめあいとした，はめあいの組み合わせを図5－18に示す。特に，太枠で囲んだ灰色の公差クラスの組み合わせが推奨されている。

　また，一例として，同図のh6軸基準はめあいに対する穴のはめあいのイメージを示すと，図5－19のようになる。

軸基準	穴の公差クラス		
	すきまばめ	中間ばめ	しまりばめ
h5	G6　H6	JS6　K6　M6	N6　P6
h6	F7　G7　H7	JS7　K7　M7　N7	P7　R7　S7　T7　U7　X7
h7	E8　F8　H8		
h8	D9　E9　F9　H9		
	E8　F8　H8		
h9	D9　E9　F9　H9		
	B11　C10　D10　H10		

注）特に ▨ が推奨されている。

図5－18　h軸基準はめあいで推奨される組み合わせ（JIS B 0401 － 1：2016）

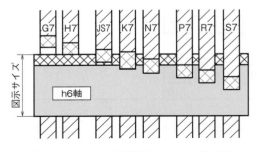

図5－19　h6軸基準はめあいの模式図

(2)　はめあいの推奨値

　一般に，穴は軸よりも加工や測定が難しく精度も出しにくいため，穴を基準にして軸を設計することが多い。そのため一般的な使用に対しては，H穴基準はめあいを選択するのが合理的である。ただし，1本の伝動軸に継手，プーリ，軸受などの多くの部品がはまり合うような場合は，h軸基準はめあいのほうが有利な場合もある。

　H穴基準はめあい方式ではめあいを設計するにしても，現実には要求する機能を発揮するための最適なはめあいが存在する。表5－5は，一般社団法人日本機械学会が各企業を調査して，H穴基準はめあいに適した目的別の公差クラスを一覧表にしたものである。機械設計に際しては，これらを参考にして合理的な公差クラスを選択するのがよい。

— 128 —

5.3　はめあい方式

表5-5　H穴基準はめあいの選択基準

		H6	H7	H8	H9	適用部分	機能上の分類	適用例
部品を相対的に動かし得る / すきまばめ	緩合				c9	特に大きいすきまがあってもよいか，又はすきまが必要な動く部分。組み立てを容易にするためにすきまを大きくしてよい部分。高温時にも適当なすきまを必要とする部分。	機能上大きいすきまが必要な部分（膨張する／位置誤差が大きい／はめあい長さが長い）	ピストンリングとリング溝，ゆるい止めピンのはめあい
	軽転合			d9	d9	大きいすきまがあってもよいか，あるいはすきまが必要な部分。	コストを低下させたい。（製作コスト／保守コスト）	クランクウェブとピン軸受（側面），排気弁弁箱とはね受けしゅう動部，ピストンリングとリング溝
			e7	e8	e9	やや大きなすきまがあってもよいか，あるいはすきまが必要な動く部分。やや大きなすきまで，潤滑のよい軸受部。高温・高速・高負荷の軸受部（高度の強制潤滑）。	一般の回転又はしゅう動する部分（潤滑のよいことが要求される）	排気弁弁座のはめあい，クランク軸用主軸受，一般しゅう動部
	転合	f6	f7	f7 f8		適当なすきまがあって運動のできるはめあい（上質のはめあい）。グリース・油潤滑の一般常温軸受部。	普通のはめあい部分（分解することが多い）	冷却式排気弁弁箱挿入部，一般的な軸とブシュ，リンク装置レバーとブシュ
	精転合	g5	g6			軽荷重の精密機器の連続回転部分。すきまの小さい運動のできるはめあい（スピゴット，位置ぎめ）。精密なしゅう動部分。	ほとんどガタのない精密な運動が要求される部分。	リンク装置ピンとレバー，キーとキー溝，精密な制御弁棒
部品を相対的に動かし得ない / 中間ばめ	滑合	h5	h6	h7 h8	h9	潤滑剤を使用すれば手で動かせるはめあい（上質の位置ぎめ）。特に精密なしゅう動部分。重要でない静止部分。	部品を損傷しないで分解・組み立てできる。 ／ はめあいの結合力だけでは，力を伝達することができない。	リムとボスのはめあい，精密な歯車装置の歯車のはめあい
	押込	h5 h6	js6			わずかなしめしろがあってもよい取り付け部分。使用中互いに動かないようにする高精度の位置ぎめ。木・鉛ハンマで組み立て・分解のできる程度のはめあい。		継手フランジ間のはめあい，ガバナウェイトとピン，歯車リムとボスのはめあい
	打込	js5	k6			組み立て・分解に鉄ハンマ・ハンドプレスを使用する程度のはめあい（部品相互間の回転軸防止にはキーなどが必要）。高精度の位置ぎめ。		歯車ポンプ軸とケーシングとの固定，リーマボルト
		k5	m6			組み立て・分解については上に同じ。少しのすきまも許されない高精密な位置ぎめ。		リーマボルト，油圧機器ピストンと軸の固定，継手フランジと軸とのはめあい
	軽圧入	m5	n6			組み立て・分解に相当な力を要するはめあい。高精度の固定取り付け（大トルクの伝動にはキーなどが必要）。	小さい力ならはめあいの結合力で伝達できる。	たわみ軸継手と歯車（受動側），高精度はめ込み，吸入弁・弁案内挿入
しまりばめ	圧入	n5 n6	p6			組み立て・分解に大きな力を要するはめあい（大トルクの伝動にはキーなどが必要）。ただし，非鉄部品どうしの場合には圧入力は軽圧入程度となる。鉄と鉄，青銅と銅との標準的圧入固定。	部品を損傷しないで分解することは困難。	吸入弁・弁案内挿入，歯車と軸との固定（小トルク），たわみ継手と歯車（駆動側）
	強圧入	p5	r6			組み立て・分解については上に同じ。大寸法の部品では焼きばめ，冷しばめ，強圧入となる。	はめあいの結合力で相当な力を伝達することができる。	継手と軸 ／ 軸受ブシュのはめ込み固定
	冷しばめ・焼きばめ	r5	s6 t6 u6 x6			相互にしっかりと固定され，組み立てには焼きばめ，冷しばめ，強圧入を必要とし分解することのない永久的組み立てとなる。軽合金の場合には圧入程度となる。		吸入弁・弁座挿入，継手フランジと軸固定（大トルク） ／ 駆動歯車リムとボスとの固定，軸受ブシュはめ込み固定

(出所：「製図マニュアル　精度編」製図マニュアル精度編集委員会 編著，1989（「はめあいの選択基準調査分科会報告書」日本機械学会，1977））

5.4 普通寸法公差

図面のすべての寸法には，許容限界を指示することが原則であるが，機能上，特別な精度が要求されない寸法については図面に一括して指示される。これが，**普通寸法公差**である。

普通寸法公差は，工場の通常の努力で得られる精度を標準化した寸法公差である。普通寸法公差を指示することによって，加工工程や検査工程などの品質管理業務を省力化できるメリットがある。

5.4.1 鋳造品の普通寸法公差

鋳放し鋳造品は，図5-20に示すように①型と②型にずれや収縮が生じる。そこで，部品図の寸法よりも，あらかじめ少し大きな寸法で鋳造される。

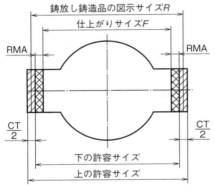
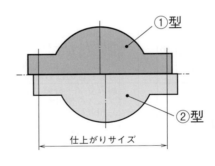

(a) 鋳物のサイズ公差の名称
 (JIS B 0403：1995)

(b) 鋳物尺で製造される鋳物部品

図5-20 鋳造品の公差等級 CT と要求する削り代 RMA

このような鋳造品を削り加工する場合の**鋳造品の普通寸法公差**が JIS B 0403：1995 に規定されており，表5-6のように，CT1～CT16 の16等級が定められている。

同表の各数値は，図5-20(a)の仕上がりサイズ F に対して対称に配置される。例えば，仕上がりサイズ $F = 80$ に対して公差等級 CT8 を選択した場合，サイズ公差は ±0.8 が適用される。

さらに，鋳造品をその後削り加工する場合，鋳造品に要求する削り代 **RMA**[注4] が表5-7のように規定されている。図5-20のような円筒形体又は両端を削り加工する製品は，RMA は2倍とし

注4）Ranges of Maximum Allowance の略。

5.4 普通寸法公差

表5-6　鋳造品の普通寸法公差（JIS B 0403：1995）

［単位：mm］

鋳放し鋳造品の図示サイズ		全構造公差												
		鋳造公差等級 CT												
を超え	以下	1	2	3	4	5	6	7	8	9	10	11	12	13
−	10	0.09	0.13	0.18	0.26	0.36	0.52	0.74	1	1.5	2	2.8	4.2	
10	16	0.1	0.14	0.2	0.28	0.38	0.54	0.78	1.1	1.6	2.2	3	4.4	
16	25	0.11	0.15	0.22	0.3	0.42	0.58	0.82	1.2	1.7	2.4	3.2	4.6	
25	40	0.12	0.17	0.24	0.32	0.46	0.64	0.9	1.3	1.8	2.6	3.6	5	7
40	63	0.13	0.18	0.26	0.36	0.5	0.7	1	1.4	2	2.8	4	5.6	
63	100	0.14	0.2	0.28	0.4	0.56	0.78	1.1	1.6	2.2	3.2	4.4	6	
100	160	0.15	0.22	0.3	0.44	0.62	0.88	1.2	1.8	2.5	3.6	5	7	
160	250		0.24	0.34	0.5	0.7	1	1.4	2	2.8	4	5.6	8	
250	400			0.4	0.56	0.78	1.1	1.6	2.2	3.2	4.4	6.2	9	11
400	630				0.64	0.9	1.2	1.8	2.6	3.6	5	7	10	1
630	1000					1	1.4	2	2.8	4	6	8	11	
1000	1600						1.6	2.2	3.2	4.6	7	9	13	18
1600	2500							2.6	3.8	5.4	8	10	15	21
2500	4000								4.4	6.2	9	12	17	2
4000	6300									7	10	14	20	2
6300	10000										11	16	23	3

表5-7　鋳造品に要求する削り代 RMA の普通寸法公差（JIS B 0403：1995）

［単位：mm］

最大サイズ		要求する削り代									
		削り代の等級									
を超え	以下	A	B	C	D	E	F	G	H	J	K
−	40	0.1	0.1	0.2	0.3	0.4	0.5	0.5	0.7	1	1.4
40	63	0.1	0.2	0.3	0.3	0.4	0.5	0.7	1	1.4	2
63	100	0.2	0.3	0.4	0.5	0.7	1	1.4	2	2.8	4
100	160	0.3	0.4	0.5	0.8	1.1	1.5	2.2	3	4	6
160	250	0.3	0.5	0.7	1	1.4	2	2.8	4	5.5	8
250	400	0.4	0.7	0.9	1.3	1.8	2.5	3.5	5	7	10
400	630	0.5	0.8	1.1	1.5	2.2	3	4	6	9	12
630	1000	0.6	0.9	1.2	1.8	2.5	3.5	5	7	10	14
1000	1600	0.7	1	1.4	2	2.8	4	5.5	8	11	16
1600	2500	0.8	1.1	1.6	2.2	3.2	4.5	6	9	13	18
2500	4000	0.9	1.3	1.8	2.5	3.5	5	7	10	14	20
4000	6300	1	1.4	2	2.8	4	5.5	8	11	16	22
6300	10000	1.1	1.5	2.2	3	4.5	6	9	12	17	24

て計算する。例えば，$F = 80$ に対して削り代 RMA の等級 G を選定した場合，同表より RMA 1.4（G）と書く。その結果，鋳放し鋳造品の図示サイズ R は，

$$R = F + \frac{CT}{2} + 2\,RMA \quad\cdots\cdots\cdots\cdots\cdots\cdots\cdots\cdots\cdots\cdots\cdots\cdots\cdots\cdots\text{式（5-2）}$$

となり，$F = 80$ の図示サイズ R は，次のようになる。

第5章　寸法公差表示方式

$$R = 80 + \frac{1.6}{2} + 2 \times 1.4 = 83.6 \; [\text{mm}]$$

　鋳造品の普通寸法公差を図面上に指示する場合は，表題欄の中，又はその近くに，次のように書く（図5－21）。

　　例）　**JIS B 0403 － CT 8**　又は　**JIS B 0403 － CT 8 － RMA 1.4（G）**

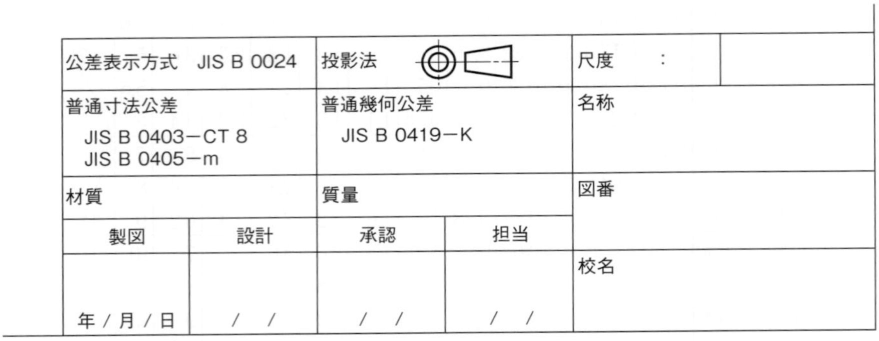

公差表示方式　JIS B 0024	投影法　⊕◎▷	尺度　　：	
普通寸法公差 　JIS B 0403－CT 8 　JIS B 0405－m	普通幾何公差 　JIS B 0419－K	名称	
材質	質量	図番	
製図	設計	承認	担当
年 / 月 / 日	/ /	/ /	/ /

図5－21　鋳造品の普通寸法公差の図面表題欄への指示例

5.4.2　削り加工の普通寸法公差

　主として金属の削り加工や板金成形に適用される普通寸法公差には，**削り加工の普通寸法公差**が規定されている。削り加工の普通寸法公差の等級は，表5－8に示すとおり，f（精級），m（中級），c（粗級），v（超粗級）の4等級が規定されている（各等級の記号は小文字である）。

　なお，面取り部分は，表5－9のように規定されている。

　同様に，角度寸法についても，f～vの許容差が規定されている（表5－10）。

　削り加工の普通寸法公差を図面上に指示するときは，表題欄の中，又はその近くに次のように指示する（図5－21参照）。

　　例）　**JIS B 0405 － m**

表5－8　削り加工の長さ寸法に対する普通寸法公差（JIS B 0405：1991）

[単位：mm]

公差等級		基準寸法の区分							
記　号	説　明	0.5[(1)] 以上 3 以下	3 を超え 6 以下	6 を超え 30 以下	30 を超え 120 以下	120 を超え 400 以下	400 を超え 1000 以下	1000 を超え 2000 以下	2000 を超え 4000 以下
		許　容　差							
f	精　級	±0.05	±0.05	±0.1	±0.15	±0.2	±0.3	±0.5	－
m	中　級	±0.1	±0.1	±0.2	±0.3	±0.5	±0.8	±1.2	±2
c	粗　級	±0.2	±0.3	±0.5	±0.8	±1.2	±2	±3	±4
v	極粗級	－	±0.5	±1	±1.5	±2.5	±4	±6	±8

注(1)　0.5 mm 未満の基準寸法に対しては，その基準寸法に続けて許容差を個々に指示する。
注）　角（かど）の丸み及び面取り寸法については，表5－9参照。

— 132 —

5.4 普通寸法公差

表5－9　面取り部分の長さ寸法に対する普通寸法公差（JIS B 0405：1991）

［単位：mm］

公差等級		基準寸法の区分		
記　号	説　明	0.5[1] 以上 3 以下	3 を超え 6 以下	6 を超える もの
		許容差		
f	精　級	±0.2	±0.5	±1
m	中　級			
c	粗　級	±0.4	±1	±2
v	極粗級			

注[1]　0.5 mm 未満の基準寸法に対しては，その基準寸法に続けて許容差を個々に指示する。

表5－10　削り加工の角度寸法に対する普通寸法公差（JIS B 0405：1991）

公差等級		対象とする角度の短いほうの辺の長さ ［単位：mm］の区分				
記　号	説　明	10 以下	10 を超え 50 以下	50 を超え 120 以下	120 を超え 400 以下	400 を超える もの
		許容差				
f	精　級	±1°	±30′	±20′	±10′	±5′
m	中　級					
c	粗　級	±1°30′	±1°	±30′	±15′	±10′
v	極粗級	±3°	±2°	±1°	±30′	±20′

なお，JIS には鋳造品や削り加工以外にも，次に示す加工方法別の普通寸法公差が規定されている。

① 鋼の熱間型鍛造品公差（ハンマ及びプレス加工）（JIS B 0415：1975）

② 鋼の熱間型鍛造品公差（アプセッタ加工）（JIS B 0416：1975）

③ 金属プレス加工品の普通寸法公差（JIS B 0408：1991）

④ 金属板せん断加工品の普通公差（JIS B 0410：1991）

⑤ 金属焼結品普通許容差（JIS B 0411：1978）

⑥ ガス切断加工鋼板普通許容差（JIS B 0417：1979）

— 133 —

5.5 寸法誤差の累積

部品のサイズ公差が厳密に指示されていても，それらを連結するに連れてサイズ偏差[注5]は増加する。例えば図5－22で，ブロックの図示サイズが20±0.05であるとき，加工者はその中央値，すなわち20.00を狙って加工するのが一般的である。

20.00を狙って加工された多数のブロックを測定すると，サイズが20.00の個数（頻度）が最も多く，20.00から離れるに連れて少なくなる。この頻度をつないだ頻度分布は**正規分布曲線（ガウス分布曲線）**と呼ばれる。このうち，正規分布曲線の±0.05以内のブロックは良品，それ以外は不良品となる。

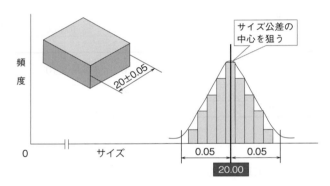

図5－22　加工者はサイズ公差の「真ん中」を狙う

そこで，このようなブロックを複数個連結した場合，サイズ偏差はどのように累積するだろうか。

例えば，図5－23に示すようなサイズ公差に基づいて加工される3個のブロックを連結する場合，許容差の累積値は式（5－3）のようになる。

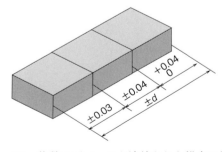

図5－23　複数のブロックが連結された場合の累積値

注5）図面に指示された公差又は許容差はTolerance，仕上がりの寸法偏差はDeviationであり，目標値と加工・測定・検証結果との差を表す。よって，両者は区別される。

上の許容差の累積値 $d_1 = 0.03 + 0.04 + 0.04 = +0.11$
下の許容差の累積値 $d_2 = -0.03 - 0.04 = -0.07$ $\Big\}$ ·················· 式（5-3）

　このように，誤差を単純に加算する方法は，組み立てが100％可能であることを保証する方法であり，**互換性の方法**と呼ばれる。

　一方，サイズ公差の中心を狙って加工される部品を連結する場合，許容差の累積値は統計的に，式（5-4）のように計算される。

$$\pm d = \pm \sqrt{a^2 + b^2 + c^2 + \cdots}$$ ·················· 式（5-4）

　この方法は**二乗和平方根**と呼ばれ，サイズ公差の中心を狙って加工される部品の許容差の累積値を求める際に用いられる。

　具体的に，図5-23の累積値を式（5-4）で計算すると次のようになり，この値は式（5-3）の値の約60％に留まる。

$$\pm d = \pm \sqrt{0.03^2 + 0.04^2 + 0.02^2} = \pm 0.054$$ ·················· 式（5-5）

　式（5-5）のような統計的処理による誤差解析は，**不完全互換性の方法**と呼ばれる。この方法は，累積誤差を小さく抑えられる分，個々の部品の許容差を増加できる。一方で，許容差を増加すると一定の確率で不良品が発生することは避けられない。

第5章 寸法公差表示方式

5.6 サイズの公差表示方式

5.6.1 サイズ形体の測定

円筒や直方体などのサイズ形体の測定は，ノギスやマイクロメータなどで行われている。このような測定方法は，**二点間測定法**と呼ばれ，通常の加工では一般的な測定方法である。しかし最近は，三次元測定機や非接触測定機などによる測定値の統計的処理が普及しつつある。

円筒を二点間測定法で測定した**二点間サイズ**と，三次元測定機などによる**最小二乗サイズ**を比較したものを図5－24に示す。両者による直径は，同じ値とはならず，おのずと測定方法による誤差が生じる。このため，どのような測定方法を用いて測定するかを図中に明示する必要がある。

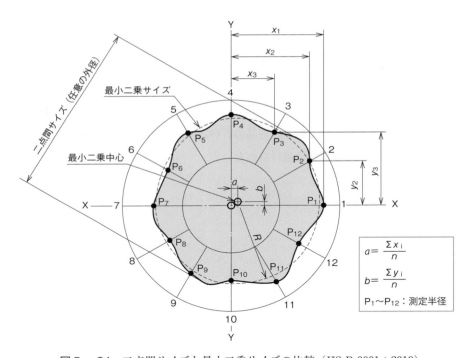

図5－24　二点間サイズと最小二乗サイズの比較（JIS B 0001：2019）

測定技術の進歩に伴い，二点間測定法以外にも様々なサイズ測定方法がJISに規定されている。長さサイズの各種の測定方法の一例を表5－11に，角度サイズの各種の測定方法の一例を表5－12に示す。これらの**条件記号**は，測定値をプログラムによって統計的に処理して長さや角度を算出することを前提としている。

5.6 サイズの公差表示方式

　従来のマイクロメータやノギスなどによる二点間測定法は，表5－11の二点間サイズ⒧LP⒨に該当し，角度定規等による角度測定法は，表5－12のミニマックス法⒧LC⒨に該当する。

表5－11　長さサイズの各種測定方法の条件記号と意味（JIS B 0420 － 1：2016）

条件記号	説　明
⒧LP⒨	二点間サイズ
⒧LS⒨	球で定義される局部サイズ
⒧GG⒨	最小二乗サイズ（最小二乗当てはめ判定基準による）
⒧GX⒨	最大内接サイズ（最大内接当てはめ判定基準による）
⒧GN⒨	最小外接サイズ（最小外接当てはめ判定基準による）
⒧CC⒨	円周直径（算出サイズ）
⒧CA⒨	面積直径（算出サイズ）
⒧CV⒨	体積直径（算出サイズ）
⒧SX⒨	最大サイズ[1]
⒧SN⒨	最小サイズ[1]
⒧SA⒨	平均サイズ[1]
⒧SM⒨	中央サイズ[1]
⒧SD⒨	中間サイズ[1]
⒧SR⒨	範囲サイズ[1]

注[1]　順位サイズは，算出サイズ，全体サイズ，又は局部サイズの補足として使用できる。

表5－12　角度サイズの各種測定方法の条件記号と意味（JIS B 0420 － 3：2020）

条件記号	説　明
⒧LC⒨	ミニマックス法の当てはめ基準で決まる二直線間角度サイズ
⒧LG⒨	最小二乗法の当てはめ基準で決まる二直線間角度サイズ
⒧GG⒨	最小二乗法の当てはめ基準で決まる全体角度サイズ（最小二乗角度サイズ）
⒧GC⒨	ミニマックス法の当てはめ基準で決まる全体角度サイズ（ミニマックス角度サイズ）
⒧SX⒨	最大角度サイズ[1]
⒧SN⒨	最小角度サイズ[1]
⒧SA⒨	平均角度サイズ[1]
⒧SM⒨	中央角度サイズ[1]
⒧SD⒨	中間角度サイズ[1]
⒧SR⒨	範囲角度サイズ[1]
⒧SQ⒨	標準偏差角度サイズ[1,2]

注[1]　角度に関わる順位サイズ（順位角度サイズ）は，部分角度サイズ，全体角度サイズ又は局部角度サイズの補足として使用してもよい。
　[2]　SQ は，平均二乗根（root mean square）に由来する。

5.6.2 公差表示方式による長さと角度の指示方法

長さサイズの測定に条件記号が指定された図面指示例を，図5－25に示す。
同じく，角度サイズの測定の条件記号が指定された図面指示例を，図5－26に示す。

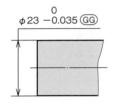
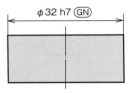

(a) 直径を最小二乗サイズ⒢Gで測定することを要求　　(b) 直径を最小外接サイズ⒢Nで測定することを要求

図5－25　長さサイズに測定の条件記号を付けた図面指示の一例

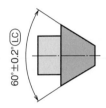

図5－26　角度サイズに測定の条件記号を付けた図面指示の一例

長さ及び角度サイズの測定に，特定の条件記号を標準として適用する場合は，表題欄の中，又はその付近に図5－27のように記入する。ただし，特に指定しなければ，長さの標準指定条件は⒧P，角度は⒧Cが適用される。

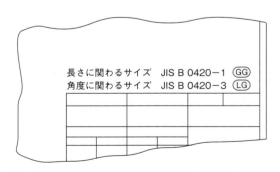

図5－27　長さ及び角度サイズの条件記号の図面への指示方法

第5章　章末問題

[1]　次に示す①〜③の穴と軸のはめあい関係について，空白の各項目に用語又は数値を記入せよ。

	①		②		③	
サイズ公差	$\phi 28^{+0.10}_{-0.05}$	$\phi 28^{-0.10}_{-0.15}$	$\phi 32\,H7$	$\phi 32\,r6$	$\phi 25\,JS7$	$\phi 25\,h6$
はめあいの種類						
公差の種類						
図示サイズ						
上の許容差						
下の許容差						
上の許容サイズ						
下の許容サイズ						
すきま又はしめし	最大すきま		−		最大すきま	
ろの最大・最小値	最小すきま		−			−
	−		最大しめしろ		最大しめしろ	
	−		最小しめしろ			−

[2]　$\phi 25\,H7/h7$ は，「すきまばめ」と「中間ばめ」のどちらであるか，答えよ。

[3]　$\phi 30\,H8/e9$ の許容差を数値評価から求め，最大すきま及び最小すきまを示せ。

[4]　穴と軸にしまりばめが指示されたとき，どのような方法を用いてはめ合わせるか，答えよ。

[5]　鋳放し鋳造品の普通寸法公差の指示において，基準寸法は部品に指示された基準寸法よりも少し大きい。その理由を述べよ。

[6] 次図の歯車列の図において，全長を $l_1 = 90 \pm 0.3$，最終すきまを $s = 0.5 \pm 0.4$ 確保したい。各部品が「不完全互換性の方法」に従うとする。

ここで，l_2，l_3，l_4 の各サイズ公差を等しく T と置いたとき，T の値を求めよ。

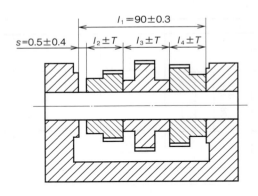

[7] 問 [6] において，各部品が「完全互換性の方法」に従うとき，l_2，l_3，l_4 のサイズ公差を求めよ。

第6章
幾何公差表示方式

第6章　幾何公差表示方式

6.1　幾 何 特 性

6.1.1　幾何公差の種類

　製品が高精度化・高品質化するにつれて，従来の寸法精度以外に部品のゆがみや曲がりなど，いわゆる形体の幾何学的な精度が問題になっている。従来のように，「寸法公差だけでものを作る」という考え方は変える必要がある。

　寸法公差が寸法公差表示方式によって規定されるように，円，平行，直角や位置などの狂いは，**幾何公差表示方式**によって標準化されている。本章では，幾何公差表示方式による幾何学的な形体の指示方法について述べる。

　幾何公差には，表6-1に示す14特性がある[注1]。これらは，**形状公差，輪郭公差，姿勢公差，位置公差**及び**振れ公差**の5種類に分類される。

表6-1　幾何公差の14特性（JIS B 0021：1998）

適用する形体	公差の種類	特　　性	記　　号	データム指示
単独形体	形状公差	真直度	—	否
		平面度	▱	否
		真円度	○	否
		円筒度	⌀	否
単独形体 又は関連形体	輪郭公差[(1)]	線の輪郭度	⌒	要・否
		面の輪郭度	⌓	要・否
関連形体	姿勢公差	平行度	//	要
		直角度	⊥	要
		傾斜度	∠	要
	位置公差[(2)]	位置度	⊕	要・否
		同軸度[(3)]	◎	要
		対称度	＝	要
	振れ公差	円周振れ	↗	要
		全振れ	↗↗	要

注(1)　輪郭公差は，形状公差だけでなく，姿勢公差や位置公差も規制することができる。
　(2)　位置公差は，姿勢公差も規制することができる。
　(3)　中心点に対しては「同心度」と呼ぶ。

注1）幾何公差（Geometrical Tolerance）は，**幾何偏差**（Geometrical Deviation）の許容値である。

単独形体は，**データム**（datum）を必要としない形体であり，形状公差・輪郭公差が該当する。**関連形体**は，データムを必要とする形体であり，輪郭公差・姿勢公差・位置公差・振れ公差が当てはまる。ここで，データムとは，形体などを規制するために設定した理論的に正確な幾何学的基準である。

形状公差には，真直度・平面度・真円度・円筒度の公差がある。通常，単独形体の形状偏差を規制するために用いられる。

輪郭公差には，線の輪郭度と面の輪郭度の公差があり，形状偏差だけでなく姿勢偏差や位置偏差も規制することができるので，単独形体と関連形体の両方に含まれる。

姿勢公差には，平行度・直角度・傾斜度の公差があり，関連形体の姿勢偏差を規制する。例えば，平行度は，データムから図示サイズ及びサイズ公差が指示されている形体の姿勢を規制する。

位置公差には，位置度・同軸度・対称度の公差がある。

また，位置公差は，姿勢公差をカバーすることができる。

振れ公差には，円周振れと全振れの公差とがある。円筒表面の半径方向の振れなどを規制する。

6.1.2　データム

(1) **三平面データム系**

姿勢公差，振れ公差などは，一般に，**単一のデータム**に対して指示する。

輪郭公差及び位置公差のデータムは，一般に，互いに直交する三つの平面と三つの軸回りの回転の自由度で構成される（図6－1）。これらの合計6自由度によって構成されるデータム系を，**三平面データム系**という。

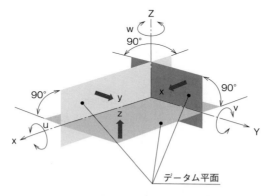

図6－1　三平面データム系

(2) **実用データム**

三平面データム系は，理想的な基準面であるため，実際のデータム系（**実用データム形体**）には精密定盤やVブロックなど（図6－2(a)）が使用され，軸直線の場合にはマンドレルなど（同図(b)）が使用される。

第6章　幾何公差表示方式

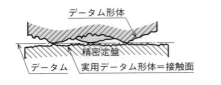
(a) 実用データム平面

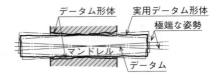
(b) 実用データム軸直線

図6-2　実用データム形体の例（JIS B 0022：1984）

　実用データム形体には，データム形体の使用目的に応じて優先順位があり，優先順に第一次・第二次・第三次**実用データム平面**と名付けられている。ただし，図6-3のように，実用データムを指定する順序の違いが，データム形体の公差に大きな影響を及ぼすので注意する必要がある。

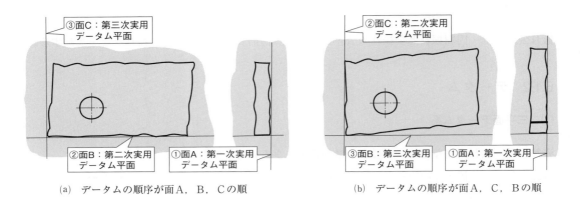

(a) データムの順序が面A，B，Cの順　　　　(b) データムの順序が面A，C，Bの順

図6-3　データムを指定する順序の違い

　円筒状の対象物に三平面データム系を適用する場合は，図6-4のように軸直線を含む互いに直交する二平面と軸直線に直交する一平面で三平面データム系を構成する。

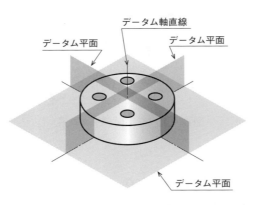

図6-4　三平面データム系を円筒形体に適用した例

6.2 幾何公差の表し方

6.2.1 幾何公差記入枠

　幾何公差は，図6−5に示す**公差記入枠**　□□□　に，幾何特性に用いる記号（表6−1参照），公差値，データムを指示する文字記号の順に記載する。「▲」又は「△」は，**データム三角記号**であり，データムの場所を表す。
　同図(a)の平行度公差の例では，同図(b)のように，「指示線の矢印で示す面は，データム平面Aに平行で，かつ，指示線の矢印の方向に0.1だけ離れた二つの平面の間になければならない」ことを表している。

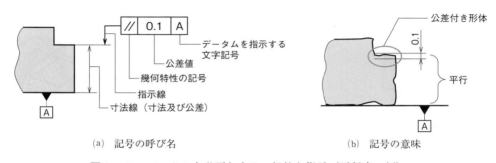

図6−5　データムを必要とする一般的な指示（平行度の例）

　複数のデータム指示記号を図面に指示するときは，幾何公差を指示するための公差記入枠に図6−6の順序で記入する。
　なお，同図のデータムの優先順位は，図6−3(a)に該当する。
　一方，平面度公差のような単独形体に指示する形状公差は，データムをとらないので，図6−7のように指示する。

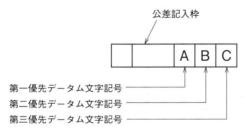
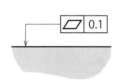

図6−6　実用データムの公差記入枠の優先順位　　図6−7　データムを必要としない指示（平面度公差の例）

— 145 —

6.2.2　公差記入枠の指示

公差記入枠の指示線の矢印又はデータム三角記号は，図6-8のように，指示する位置に注意する必要がある。すなわち，指示された線又は面に公差（又はデータム）を指定したいときは，寸法線の位置を明確に避けて指示線の矢印を垂直に当てる（同図(a)）。

また，寸法が指定されている形体の中心線又は中心平面に，公差又はデータムを指定したいときは，寸法線の延長線上に指示線を当てる（同図(b)）。ただし，中心軸あるいは中心平面に直接，公差又はデータムを指示することはできない（同図(c)）。

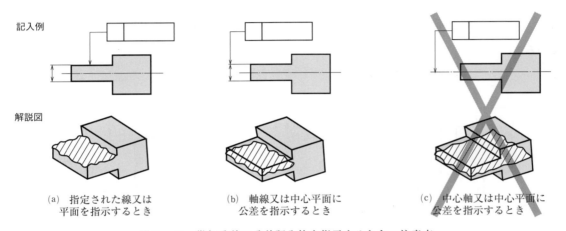

(a)　指定された線又は平面を指示するとき
(b)　軸線又は中心平面に公差を指示するとき
(c)　中心軸又は中心平面に公差を指示するとき

図6-8　幾何公差の公差記入枠を指示するときの注意点

6.2.3　公差域の解釈

(1)　公　差　域

公差値の前にφがない場合（図6-9(a)），その公差域は，平行二平面の間に存在する。公差値の前にφがある場合（同図(b)），その公差域は，円又は円筒の内部に存在する。

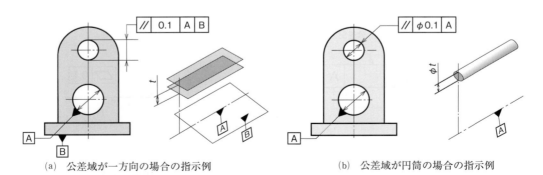

(a)　公差域が一方向の場合の指示例
(b)　公差域が円筒の場合の指示例

図6-9　公差値の指示方法の違いによる公差域の変化

(2) 共通公差域 CZ

数個の離れた形体に同じ幾何公差を適用する場合，個別に指示線の矢を当てる（図6－10）。このとき，それぞれの形体の公差域は独立しており，関連性はない。

一方，数個の離れた同じ位置にある形体に同じ幾何公差を適用する場合には，図6－11のように，幾何公差記入枠内の公差値の後に続けて，文字記号「**CZ**[注2]」（**共通公差域**）を記入する。

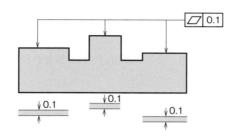

図6－10　複数の公差域が独立している場合の指示

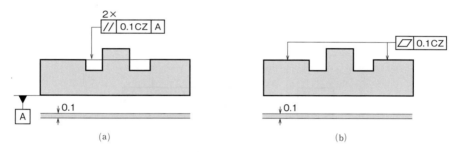

図6－11　公差域が共通の場合の指示例（共通公差域 CZ）

(3) 指示線の方向

公差域は，原則として公差付き形体に対して法線方向に指示する（図6－12）。指示線に特定の角度を要求する場合には，その角度を指示する（図6－13）。

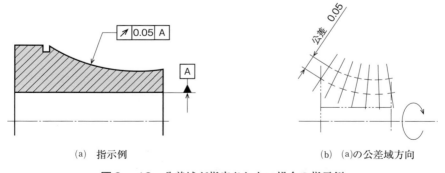

(a)　指示例　　　　　　　　　(b)　(a)の公差域方向

図6－12　公差域が指定されない場合の指示例

注2）Common Zone の略号。

第6章　幾何公差表示方式

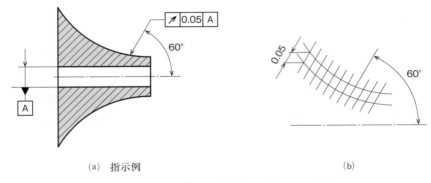

(a) 指示例　　　　　　　　　　　　　　(b)

図6－13　公差域が指定された場合の指示例

6.2.4　公差の適用の限定

(1) 限定した領域にデータム指示

形体の限定した部分にデータムを指定する場合には，この限定部分を太い一点鎖線（特殊指定線）と寸法指示によって示す（図6－14）。

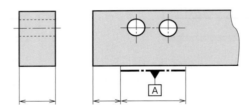

図6－14　データムを限定した位置に指定したい場合の指示例

(2) 共通データム

二つの離れた形体から一つのデータムを指定する場合には，ハイフンで結んだ二つのデータム文字記号によって，**共通データム**として指示する（図6－15）。

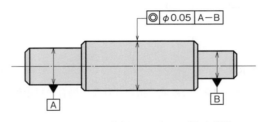

図6－15　共通データムの指示方法

(3) 全周の指示

輪郭度特性を断面外形の全周に適用する場合，全周記号「○」を用いて表す。ただし，全周記号は加工物のすべての表面に適用されるわけではなく，輪郭度公差を指示した表面にだけ適用される（図6－16）。

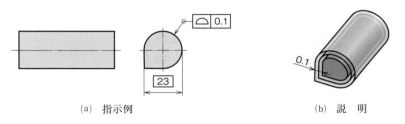

(a) 指示例　　　　　　　　(b) 説　明

図6－16　輪郭度公差を全周に指示する

(4) 理論的に正確な寸法

位置度，輪郭度又は傾斜度を一つの形体又はグループ形体に指定する場合，寸法公差をもたない**理論的に正確な寸法（TED**[注3]，「**枠付き寸法**」ともいう）を使用する。理論的に正確な寸法は，長方形の枠 ☐ で囲んで示す（図6－17）。

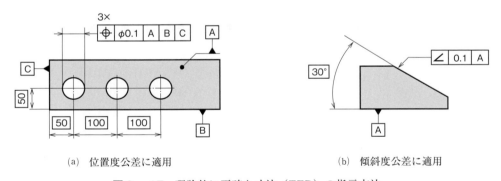

(a) 位置度公差に適用　　　　　　　　(b) 傾斜度公差に適用

図6－17　理論的に正確な寸法（TED）の指示方法

(5) ねじや歯車に幾何公差を指示する場合

ねじや歯車に幾何公差を指示する場合，特に指定しない限り，その指示位置は有効径又はピッチ円直径「**PD**[注4]」に適用される。ねじの有効径に幾何公差を指示した場合，実際には有効径を測定する

注3）Theoretically Exact Dimension の略号。
注4）Pitch Diameter の略号。ねじの有効径も同じ表記。

ことが難しい。そこで，測定の簡略化を考慮して，ねじの外径や内径を指定することができる。図6－18のように内径を指示する場合は「LD[注5)]」を，外径を指示する場合は「MD[注6)]」と書く。

歯車の場合，ピッチ円を指示する場合は，図6－19のように指示する。

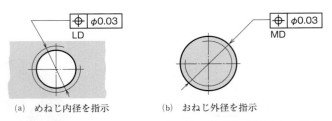

図6－18　ねじの特定の部位に位置度公差を指示する場合

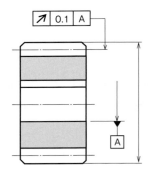

図6－19　歯車のピッチ円に円周振れ公差を指示する場合の例

注5）Least Diameter の略号。
注6）Major Diameter の略号。

6.3 幾何公差の指示例と意味

幾何公差14特性の定義と指示方法とその意味について，主な指示例を表6－2示す。

表6－2　幾何公差14特性の主な指示例①（JIS B 0621：1984 参考）

特　性	指示例	意　味
形状公差 **真直度** 幾何学的に正しい直線からの狂いの大きさ	─ 0.03	(1) 表面の真直度 表面の任意の実際の母線は，0.03だけ離れた平行二軸の間になければならない。
	─ φ0.2	(2) 円筒の真直度 公差を適用する円筒の実際の軸線は，直径0.2の円筒公差域になければならない。
平面度 幾何学的に正しい平面からの狂いの大きさ	▱ 0.1	実際の表面は，0.1だけ離れた平行二平面の間になければならない。
真円度 幾何学的に正しい円からの狂いの大きさ	○ 0.1	円筒及び円すい表面の任意の横断面の実際の半径方向の線は，半径距離で0.1だけ離れた共通平面上の同軸の二つ円の中になければならない。
円筒度 幾何学的に正しい円筒からの狂いの大きさ	⌭ 0.05	実際の円筒表面は，半径距離で0.05だけ離れた同軸の二つの円筒の間になければならない。

─ 151 ─

第6章　幾何公差表示方式

表6－2　幾何公差14特性の主な指示例②（JIS B 0621：1984参考）

特　性		指示例	意　味
輪郭公差	**線の輪郭度** 幾何学的に正確な輪郭からの線の輪郭の狂いの大きさ	〔指示例図：R100の半円形状に ⌒ 0.1 の指示〕	指示方向の投影面に平行な各断面において，実際の輪郭線は，理想的な幾何学形状をもつ線上にある直径 0.1 の円の二つの包絡線の間になければならない。
	面の輪郭度 幾何学的に正確な輪郭からの面の輪郭の狂いの大きさ	〔指示例図：R100の半円形状に ⌓ 0.2 の指示〕	指示方向の投影面に平行な各断面において，実際の輪郭線は，理想的な幾何学形状をもつ線上にある直径 0.2 の球の二つの包絡面の間になければならない。 注）上記以外に「データム有りの場合」が定義されている。
姿勢公差	**平行度** データム直線又はデータム平面に対して平行な幾何学的直線又は平面からの狂いの大きさ	〔指示例図：// 0.1 A，データムA〕	実際の軸線は，データム平面 A に平行に，0.1 だけ離れた平行二平面の間になければならない。
	直角度 データム直線又はデータム平面に対して直角な幾何学的直線又は平面からの狂いの大きさ	〔指示例図：⊥ 0.1 A，データムA〕	実際の表面は，データム A に直角で，0.1 だけ離れた平行二平面の間になければならない。
	傾斜度 幾何学的に正しい傾斜面からの狂いの大きさ	〔指示例図：∠ 0.1 A，55°，データムA〕	実際の軸線は，投影面に平行で，かつデータム平面 A に対して 55° 傾斜し，0.1 だけ離れた平行二平面の間になければならない。

－ 152 －

6.3 幾何公差の指示例と意味

表6－2 幾何公差14特性の主な指示例③（JIS B 0621：1984 参考）

	特 性	指示例	意 味
位置公差	**位置度** データム又は他の理論的に正確な位置からの点，直線形体又は平面形体の狂いの大きさ		実際の軸線は，その穴の軸線がデータム平面A，B及びCに関して理論的に正確な位置にある直径0.1の円筒公差域の中になければならない。
	同軸度 データム軸直線と同一直線上にあるべき軸線の，データム軸直線からの狂いの大きさ		実際の軸線は，データム軸直線Bに同軸の直径0.1の直径の円筒公差域の中になければならない。
	対称度 データム軸直線と同一直線上にあるべき軸線のデータム軸直線からの狂いの大きさ		実際の中心平面は，データム中心平面Aに対称な0.06だけ離れた平行二平面の間になければならない。
振れ公差	**円周振れ** 対象物をデータム軸直線の周りに回転したとき，その表面が指定した位置又は任意の位置で指定した方向に変位する大きさ		データム軸直線に垂直な一平面（測定平面）内で，データム軸直線から対象とした表面までの距離の最大値と最小値の差が0.1だけ離れた同心円の間になければならない。
	全振れ 対象物をデータム軸直線の周りに回転したとき，その表面全体にわたり，指定した方向に変位する大きさ		実際の振れは，データム軸直Bの周りに1回転する間に，対象とした円すいの全表面で，距離の最大値と最小値の差が0.1だけ離れた円すいの間になければならない。

－ 153 －

第6章　幾何公差表示方式

6.4　独立の原則の例外

6.4.1　独立の原則の図面への指示方法

　JIS B 0024 には，「サイズ公差，幾何公差又は表面性状は，規格で規定するか特別な指示があるときを除き，他の規定とは独立して使用しなければならない」旨が規定されている。これを「**独立の原則**」という。

　独立の原則を図面に適用するために，表題欄の中，又はその付近に，「**公差表示方式**」又は「**公差表示方式　JIS B 0024**」と指示する（図6 − 20）。

「独立の原則」の指示				
公差表示方式　JIS B 0024	投影法		尺度　　：	
普通寸法公差 　JIS B 0403−CT 8 　JIS B 0405−m	普通幾何公差 　JIS B 0419−K		名称	
材質	質量		図番	
製図	設計	承認	担当	
年／月／日	／　／	／　／	／　／	校名

図6 − 20　独立の原則の図面表示例

6.4.2　最大実体公差方式Ⓜ

　独立の原則に「例外」を設けることによって，サイズ公差の余裕分を幾何公差へ融通することができ，その結果加工が容易になり，測定コストが削減できるなどの大きなメリットが生じる。その例外とは，**最大実体公差方式**，**最小実体公差方式**，**突出公差域**，**包絡の条件**などのことである。これらには，サイズ公差と幾何公差の相互依存関係が適用される。

　最大実体公差方式（**MMR**[注7]，記号「Ⓜ」，マルエムと読む）とは，「サイズ公差と姿勢公差，あるいは位置公差との間の相互依存性を考慮して，**最大実体サイズ**[注8]からサイズの余裕分を姿勢公差又は位置公差に付与することができる場合」に適用される。

　また，MMR は，サイズをもつ軸線の真直度公差にも適用できる（前出の表6 − 2①の円筒の真直度を参照）。

注7）Maximum Material Requirement の略号。
注8）最大実体サイズとは，「部品の実体が最大」の状態のこと。軸の場合は最大直径，穴の場合は最小直径である。

図 6 − 21 (a) は，軸の直角度公差の公差値の後に Ⓜ と指示することによって，直角度公差に MMR を適用した場合である。

MMR が適用されると，同図 (b) のように，軸の寸法 A_1，A_2，A_3……が 19.8 から 20 の間の値をとったとき，最大実体サイズの 20 から，その値を引いた値（**ボーナス公差**）が直角度公差 ϕ 0.2 に付与されるので，許される直角度公差は，ϕ 0.2 から ϕ 0.4 まで増加する。

したがって，その分だけ加工が容易になり，不良率も低下する。MMR の適用は，部品同士を干渉なくはめ合わせる機能的要求と，公差値の緩和によるコストダウンを両立させることができる。

図 6 − 22 の穴についても同様である。

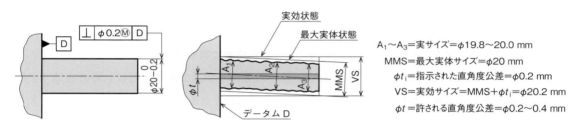

(a) 図示例 　　　　　　　　(b) 図示例の説明

図 6 − 21 　軸に最大実体公差方式を指示した例と解釈
(出所：「ISO・JIS 準拠　図面の新しい見方・読み方」桑田浩志著，2013)

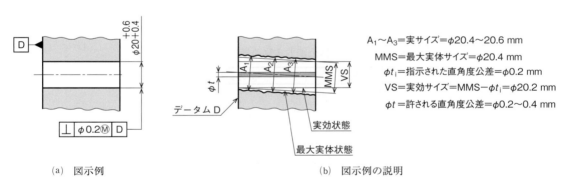

(a) 図示例 　　　　　　　　(b) 図示例の説明

図 6 − 22 　穴に最大実体公差方式（MMR）を指示した例と解釈
(出所：(図 6 − 21 に同じ))

6.4.3 動的公差線図

最大実体公差方式（MMR）を適用すると，サイズ公差の余裕分を幾何公差に付与することができる。前出の図 6 − 21 の軸と図 6 − 22 の穴について，サイズと直角度公差との関係をグラフにすると，図 6 − 23 のようになる。このグラフを**動的公差線図**という。

第6章　幾何公差表示方式

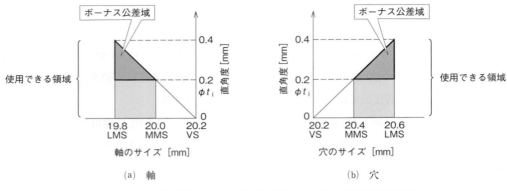

(a) 軸　　　　　　　　　　　(b) 穴

図6－23　軸（図6－21）と穴（図6－22）の動的公差線図

　サイズ偏差と幾何偏差を別個に測定し，それぞれの数値が許容域内（グラフの薄く着色された領域）にあれば合格とすることが，動的公差線図によって直感的に判断できる。

　動的公差線図において，幾何公差にMMRを適用すると**ボーナス公差域**と呼ばれる許容域（グラフの濃く着色された領域）が増加する。さらに，この領域に含まれる不良品は良品となるので，大きな経済効果が期待できる。そして，後述する**機能ゲージ**を使用して幾何公差を検証すれば，さらに測定の省力化が図れる。

　MMRは，表6－3に示す7特性に限って適用できる。ただし，リンク機構や歯車の軸間距離などの特定の機能を要求する運動機構に，MMRは適用できない。

　また，MMRは，大きさ寸法（サイズ）をもたない平面や線にも適用できない。

表6－3　最大実体公差方式Ⓜの幾何公差への適用性

幾何公差		Ⓜの適用性	
真直度公差	—	可 サイズ公差の付いた形体の軸線又は中心面に適用	不可 平面又は表面上の線に対しては適用できない
平行度公差	∥		
直角度公差	⊥		
傾斜度公差	∠		
位置度公差	⊕		
同軸度公差	◎		
対称度公差	≡		

（出所：（図6－21に同じ））

6.4.4　機能ゲージ

　前出の図6－23の動的公差線図において，斜辺が横軸と交わる点 VS は**実効サイズ**と呼ばれる。実効サイズは，「上又は下の許容サイズから，姿勢公差あるいは位置公差を減じた値」である。すなわち，実効状態を検証するゲージが，機能ゲージのサイズとなる。

— 156 —

図6-21の軸と図6-22の穴を検証するための機能ゲージを，図6-24に示す．実効サイズφ20.2の軸，又は穴に機能ゲージを挿入して，部品と機能ゲージが矢印方向に挿入されれば，軸と穴の幾何公差は合格となる．

なお，上記とは別に，軸又は穴のサイズ公差の合否は，別途，ノギスやマイクロメータ，限界ゲージなどで測定する必要がある．以上の検証によって，幾何公差とサイズ公差が両方とも合格すれば，軸又は穴は合格となる．

Ⓜを適用すると機能ゲージが使用できるので，幾何公差の検証を簡便に行うことができる．

なお，一般に，機能ゲージの加工精度は，IT2からIT4で製作することが望ましい．

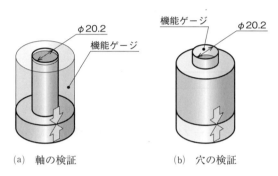

(a) 軸の検証　　　　(b) 穴の検証

図6-24　機能ゲージによる軸（図6-21）と穴（図6-22）の検証

6.4.5　独立の原則の例外に該当する付加記号

表6-4に，最大実体公差方式Ⓜをはじめ，独立の原則の例外に当てはまる**付加記号**の一覧を示す．

表6-4　独立の原則の例外に該当する付加記号（JIS B 0021：1998 参考）

説　明	記　号	参　照
最大実体公差方式	Ⓜ	JIS B 0023（本書 6.4.2 項）
突出公差域	Ⓟ	JIS B 0029（〃 6.4.9 項）
包括の条件	Ⓔ	JIS B 0024（〃 6.4.10 項）
最小実体公差方式	Ⓛ	JIS B 0023（〃 6.4.11 項）
自由状態（非剛性部品）	Ⓕ	JIS B 0026（〃 6.4.12 項）
相互要求	Ⓡ	ISO 1101

注）共通公差域 CZ も，広義の独立の原則の例外に含まれる．

6.4.6　グループ形体へのMMRの適用

複数の穴，又は軸をまとめてグループ形体としてデータムにしたい場合，図6-25のように指示するとよい．

六つの穴 6 × φ16 をグループ形体とし，データム A，データム B 及びデータム C に対して位置度公差 φ0.05 Ⓜが適用される。このグループ形体の検証に用いる機能ゲージと動的公差線図を，図 6 − 26 に示す。

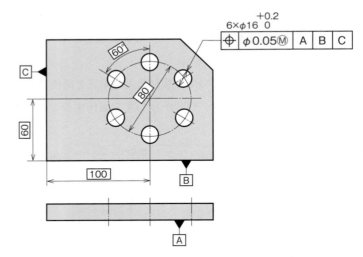

図 6 − 25　グループ形体への最大実体公差方式Ⓜの指示例

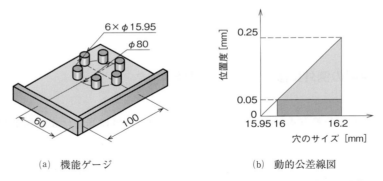

(a) 機能ゲージ　　　　(b) 動的公差線図

図 6 − 26　グループ形体を検証するための機能ゲージと動的公差線図

6.4.7　複合位置度公差方式

図 6 − 27 のボルト穴のように，ピッチ円上にある一連の**グループ形体**は，隣り合う各形体の位置を厳しく規制しなければならないが，グループ形体そのものは，厳しく規制しなくてもよい場合がある。このように，データムを異にして，グループ形体と隣り合う個々の形体との二段階で位置度公差を規制する方法が，**複合位置度公差方式**である[注9]。

注9）JIS には規定されていないが，米国の ASME 規格（米国機械学会：American Society of Mechanical Engineers）には，複合位置度公差方式に加えて複合輪郭度公差方式が規定されている。

6.4 独立の原則の例外

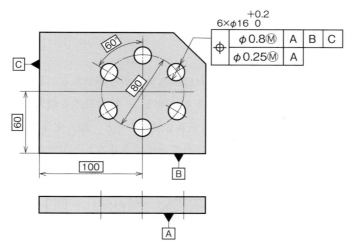

図6－27　複合位置度公差方式の指示例

図6－27において，上段の公差記入枠の位置度公差は，形体グループの位置を規制し，下段は隣り合う個々の形体の位置を規制している。この場合，上段の第一次優先データム（同図の場合は「データムA」）を下段のデータムにとることに注意しなければならない。

また，これらの要求事項は，それぞれ独立して満たされなければならない。

以上をまとめると，穴の中心位置は上段の公差域を超えない範囲で，下段の公差域が自由に動いてもよいことになる。これを公差域で図示すると，図6－28のようになる。

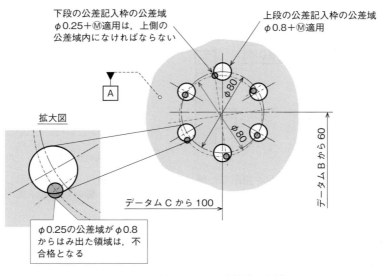

図6－28　図6－27の公差域の解釈

― 159 ―

6.4.8　0Ⓜ（ゼロマルエム）

組み合わされる穴や軸は，実効サイズにあれば組み付けが可能である。そこで，実効サイズを最大実体サイズにとれば，サイズ公差を最大にできると同時に，幾何公差も最大にできる。

図6-29の例では，四つの穴の位置度公差をφ0Ⓜとすると，最大実体サイズはφ10となり，穴がそれより大きくなると，その寸法だけ位置度公差を増加させることができる。

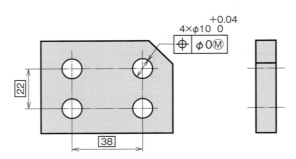

図6-29　穴の位置度公差にφ0Ⓜを指示した例

同様に，この穴にはまり合う軸にもφ0Ⓜを適用すると，図6-30のようになる。このとき，穴と軸の動的公差線図は，図6-31のような関係になる。穴と軸ともに使用できる領域は最大となり，はめあいでいえば，H穴とh軸との組み合わせに相当する。

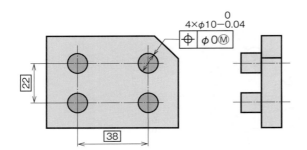

図6-30　軸の位置度公差にφ0Ⓜを指示した例

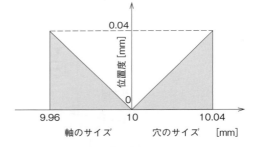

図6-31　φ0Ⓜを指示した四つの穴と軸の動的公差線図

6.4.9　突出公差域Ⓟ

通常の公差域は，指示したい形体そのものに指示するが，図6-32のように，フランジにピンやねじが取り付けられる場所では，突出物の倒れや曲がりがあると相手部品と干渉することがある。そこで，形体から突出した部分を規制するのが，**突出公差域**である。

例えば，図6-32(a)のように，めねじから突き出たボルトの位置度を規制するために，記号「Ⓟ」（マルピーと読む）を用いて，幾何公差値の後，及び，突出長さの数値の前に指示する。突出した位置に公差を設けることによって，組み付けにおける干渉を避けることができる（同図(b)）。

なお，同図の突出公差域の検証には，M10のおねじを有する機能ゲージが用いられる。突出公差域は，一般的には位置度公差に適用できる。

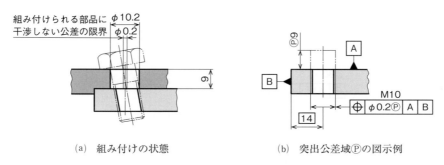

(a) 組み付けの状態　　　(b) 突出公差域Ⓟの図示例

図6-32　突出公差域Ⓟの指示例

6.4.10　包絡の条件Ⓔ

包絡の条件は，形体がサイズ公差内で，最大実体状態において**完全形状**（perfect form）を要求するもので，真直度公差のφ0Ⓜの代わりとしてJISに規定された。記号は，サイズ公差の後に「Ⓔ」（マルイーと読む）を付けて表す。

例えば図6-33(a)において，円筒φ130 0/-0.04にⒺが付いて包絡の条件が適用されるとき，仕上がり部品は次の条件を満たさなければならない。

① 実体サイズは，φ130.00からφ129.96までの間になければならない（同図(b)）。
② 形体は，φ130.00の完全な円筒の中になければならない（同図(c)）。

以上のことから，包絡の条件が適用された寸法形状測定においては，幾何偏差の影響を含めた測定を行うために，φ130.00の穴用ゲージで検査することができる。

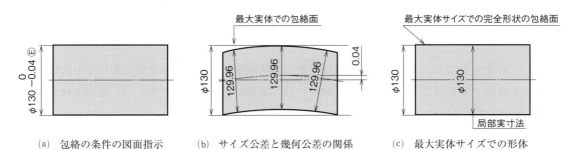

(a) 包絡の条件の図面指示　　(b) サイズ公差と幾何公差の関係　　(c) 最大実体サイズでの形体

図6-33　「包絡の条件」が指示されたときの寸法差と幾何公差の関係図

（出所：「JIS使い方シリーズ　機械製図マニュアル」桑田浩志・徳岡直静共著，2010）

6.4.11 最小実体公差方式Ⓛ

最小実体公差方式 LMR[注10] は，MMR とは逆の発想である．サイズ公差内で「**最小実体サイズ**（穴は最大，軸は最小）からの余裕分を姿勢公差又は位置公差に与えることができる場合に適用」される．記号は，幾何公差の公差値のすぐ後に「Ⓛ」を指示する．

LMR を適用した一例を図6－34に，その最小実体状態及び最大実体状態での公差域を図6－35 に示す．

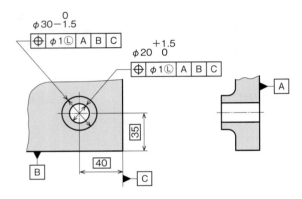

図6－34　最小実体公差方式Ⓛの適用例

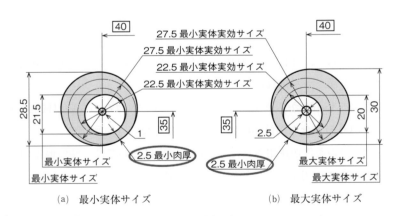

図6－35　図6－34の解釈（JIS B 0023：1996）

図6－35から分かるように，穴の肉厚は，最小実体状態又は最大実体状態であっても常に一定値 2.5 mm を維持できるので，一定の肉厚を確保したい場合に有効である．ただし，最小実体公差方式Ⓛは機能ゲージが適用できないため，コスト面の利点が少ない．

注10) Least Material Requirement の略号．

6.4.12　非剛性部品の指示Ⓕ

　重力の影響を受けて変形しやすい薄板鋼，ゴム製品，ばねなどの形体，すなわち，**非剛性部品**に幾何公差を適用する場合は，公差値の後に「Ⓕ」を付記する。この記号によって，非剛性部品が自由状態での幾何公差を規定できる。Ⓕが付記されていない公差の場合は，重力などが作用する拘束状態での幾何公差を要求していることになる。

　図6－36に示すように，Ⓕが付いた真円度公差は，自由状態で保証されなければならない。そのほかの幾何公差は，図中の注記で指示した状態のもとで適用される。

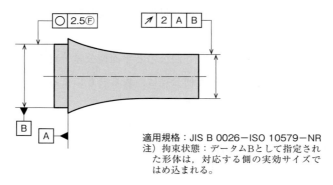

図6－36　非剛性部品の公差Ⓕの指示例

第6章 幾何公差表示方式

6.5 削り加工の普通幾何公差

寸法公差に普通寸法公差があるように，幾何公差にも**普通幾何公差**がある。

削り加工の普通幾何公差は JIS B 0419：1991 に規定され，表6－5～表6－8に示すとおり，大文字でH（精級），K（中級），L（粗級）の3等級に分類される。

普通幾何公差の適用に当たっては，次の注意事項がある。

① 単独形体である真直度，平面度公差については表6－5が適用される。ただし，真円度の普通幾何公差は直径の寸法公差に等しくとるが，表6－8の円周振れ公差の値を超えてはならない。

　なお，円筒度の普通幾何公差は，真円度，母線の真直度及び相対する母線の平行度の組み合わせからなるので，規定されていない。

② 関連形体の平行度の普通幾何公差は，寸法公差と平面度公差・真直度公差とのいずれか大きいほうの値に等しくとる。直角度の普通幾何公差は，表6－6による。

③ 対称度の普通幾何公差は，表6－7による。

　なお，同軸度と位置度の普通幾何公差は，規定されていない[注11]。

⑤ 円周振れの普通幾何公差（半径方向，軸方向及び斜め法線方向）は，表6－8による。

各表の公差等級の選択基準は，普通寸法公差の場合と同様に，個々の工場で通常に得られる加工精度を目安にして選ぶ。

表6－5 真直度及び平面度の普通幾何公差（JIS B 0419：1991）

［単位：mm］

公差等級	呼び長さの区分					
	10 以下	10 を超え30 以下	30 を超え100 以下	100 を超え300 以下	300 を超え1000 以下	1000 を超え3000 以下
	真直度公差及び平面度公差					
H	0.02	0.05	0.1	0.2	0.3	0.4
K	0.05	0.1	0.2	0.4	0.6	0.8
L	0.1	0.2	0.4	0.8	1.2	1.6

表6－6 直角度の普通幾何公差（JIS B 0419：1991）

［単位：mm］

公差等級	短いほうの辺の呼び長さの区分			
	100 以下	100 を超え 300 以下	300 を超え 1000 以下	1000 を超え 3000 以下
	直角度公差			
H	0.2	0.3	0.4	0.5
K	0.4	0.6	0.8	1
L	0.6	1	1.5	2

注11）位置度は，普通幾何公差よりも最大実体公差方式を用いることが推奨されているためである。

－ 164 －

6.5 削り加工の普通幾何公差

表6-7 対称度の普通幾何公差（JIS B 0419：1991）

[単位：mm]

公差等級	呼び長さの区分			
	100 以下	100 を超え 300 以下	300 を超え 1000 以下	1000 を超え 3000 以下
	対称度公差			
H	0.5			
K	0.6	0.6	0.8	1
L	0.6	1	1.5	2

表6-8 円周振れの普通幾何公差（JIS B 0419：1991）

[単位：mm]

公差等級	円周振れ公差
H	0.1
K	0.2
L	0.5

削り加工の普通幾何公差を図面に指示するときは、表題欄の中、又はその近くに「JIS B 0419 － K」などと書く。

また、普通幾何公差を普通寸法公差と併せて指示するときは、普通幾何公差の規格番号を指示して「JIS B 0419 － mK」のように指示する（図6－37）。

図6－37 図面に普通寸法公差と普通幾何公差を併せて指示する場合

6.6 幾何偏差の測定

寸法偏差の測定は，一般的にノギスやマイクロメータなどによる二点間測定で行われる。一方，幾何偏差の測定には，**座標測定機（三次元測定機）**，**簡易測定器**，機能ゲージなどが使用される。

6.6.1 座標測定機による測定

座標測定機は，ものづくりの現場において広く使われている。これには大きく分けて図6－38のようなプローブ接触式と光学非接触式とがある。

座標測定機は，三次元座標の測定はもちろん，幾何偏差の測定も可能であり，最近では最大実体公差方式の解析技術も進んでいる。さらには，3Dモデルと被測定物との形状誤差や，部品形状の経年変化なども比較できるまでに進化している。

さらに，近年では**多点測定**が主流になりつつあり，従来のノギスやマイクロメータによる二点間測定は，座標測定機による統計的処理に基づく寸法・幾何測定へと移行しつつある。

(a) プローブ接触式　　　　　　(b) 光学非接触式

図6－38　座標測定機

6.6.2 簡易測定器による測定

簡易測定は，定盤，Vブロック，直定規，ダイヤルゲージなどの比較的身近にある測定機器を使用できるメリットがある。

幾何偏差の簡易測定方法は，JIS TR B 0003：1998（ISO/TR 5460：1985）に測定ガイドとして公開されていたが，2004年に廃止された。そのため同規格から，簡易測定器による幾何偏差の測定例を一部抜粋して表6－9に示す。

6.6 幾何偏差の測定

表6－9 幾何偏差の簡易測定方法①（JIS TR B 0003：1998）

記　号	公差域及び図示例	測定方法	備　考
—	方法1 直定規を測定物上に置き，両者の最大すきまが最小になるように調整する。真直度は，直定規と測定物の母線との最大すきまである。所要の数の母線について測定する。	長い（＞1 m）測定物には，強く張ったワイヤを用いてもよい。
		方法2 上側の母線が定盤と平行になるように測定物を置く。母線全長に沿った測定値を記録する①。真直度は，測定した母線についてのインジケータの読みの最大差である。所要の数の母線について測定する②。	
▱	方法3 測定物を定盤に安定させて置く。所要の数の点について，測定物と定盤とのすきまを測定する。平面度は，測定値の最大差である。	定盤の大きさは測定物の2倍以上必要である。測定面が凸の場合には，最大すきまが最小となるように測定物を調整する。
○	方法4 最小二乗中心法 測定物をその軸線が測定機の回転軸と同軸になるように設定し，1回転中の半径の変化を記録する①。最小二乗中心を極座標線図及び／又はコンピュータで求める。測定は所要の数の断面で繰り返す②。真円度は最小二乗中心に一致する内外接円の半径差である。	この方法は，内側・外側の両表面に用いられる。この方法は，線図及び／又はコンピュータによる評価に推奨される。固定中心からの半径偏差を測定する機器は，レコーダ付き又はコンピュータ付きの回転測定子又は回転テーブルである。

— 167 —

第6章　幾何公差表示方式

表6－9　幾何偏差の簡易測定方法②（JIS TR B 0003：1998）

記　号	公差域及び図示例	測定方法	備　考
//		**方法5** 　測定物をデータム面全体より大きい定盤の上に載せる。測定は，平面全体にわたって行う。 　測定は，面全体の任意の方向の100 mmの長さを所要の数とって行う。 　この二つの例では，対象とした長さにわたっての平行度は，インジケータの読みの最大差である。	
⊥		**方法6** 　測定物を定盤上に置く。公差付き形体の代用となる円筒マンドレルと直角定規の距離をL_2離れた2箇所の高さで測定し，M_1，M_2とする。また，その高さでの円筒の直径d_1，d_2を測定する。 　方向Gの直角度P_{dG}は 　$P_{dG} = [(M_1 - M_2) - (d_2 - d_1)/2] \times L_1/L_2$ 　Gの方向に直角な方向Hについて同様の測定を行い，方向Hの直角度P_{dH}を計算する。 　公差付き形体の直角度P_dは，次式で計算する。 　$P_d = (P_{dG}^2 + P_{dH}^2)^{1/2}$	軸線の真直度が無視できない場合には二つ以上の縦断面での測定が必要である。 　公差付き形体が穴の軸線である場合には，穴とのすきまがないように拡張式か又はしっくりはまり合う円筒マンドレル（穴の外まで張り出す長さ）によって代用する。 　公差が一方向だけに指示されていれば，P_{dG}が直角度である。
⊕		**方法7** 　測定物を測定機の座標軸に一致させて設定し，座標x_1，x_2，y_1，y_2を測定する。 　穴の軸線のX方向の位置は， 　$X = (x_1 + x_2)/2$ Y方向の位置は， 　$Y = (y_1 + y_2)/2$ によって計算する。 　位置度P_dはX，Yから次式によって計算する。 　$P_d = 2 |(100 - X)^2 + (68 - Y)^2|^{1/2}$	

— 168 —

6.6 幾何偏差の測定

表6-9 幾何偏差の簡易測定方法③（JIS TR B 0003：1998）

記 号	公差域及び図示例	測定方法	備 考
≡	方法8 測定物を次のように設定する。データム形体の位置①②を決め，その中心平面が定盤と平行になるように計算し調整する。 対象度は，共通データム平面と計算された穴の軸線③④との距離の2倍である。	この方法は，内側，外側の両表面に適用できる。 データムの調整は，数学的な処理によっても行うことができる。 測定には，座標測定機又は測定顕微鏡を用いてもよい。
↗	方法9 データム軸直線を二つの同一のVブロックによって代用し，測定物を軸方向に固定する。 半径方向の円周振れは，各断面での1回転中のインジケータの読みの最大差である①。 所要の数の断面で測定を繰り返す②。	この測定は，Vブロックの角度とデータム形体の形状誤差の相互作用による影響を受ける。
↗↗	方法10 測定物を定盤と平行に設定した二つの同軸外接案内（実用データム形体）に設定する。 測定物を軸方向に固定する。 インジケータをデータム軸直線となる理論的に正確な1本の直線要素に沿って移動させながら測定物を数回転させる。半径方向の全振れは，この間に測定された読みの最大差である。	データムをVブロック及び両センタなど簡単な方法によって定めてもよい。

— 169 —

第6章　章末問題

［1］　幾何公差と幾何偏差とはどのような関係にあるか，述べよ。

［2］　輪郭度公差は，次の図(a)の単独形体だけでなく，図(b)の関連形体にも指示できる。その理由を述べよ。

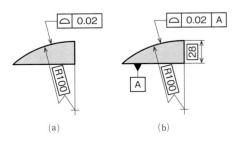

［3］　次図のように位置度公差は，データムをとらない場合がある。その理由を述べよ。

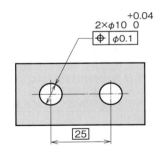

［4］　次図のように，真直度公差は，最大実体公差方式 MMR を円柱の中心軸に適用できる。それと同じように，平面度公差を溝の中心平面に指示し，さらに平面度公差に対して MMR を適用できるかどうか，述べよ。

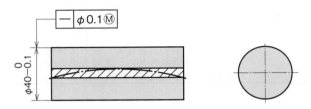

[5] 包絡の条件を適用して，次図の(a)軸及び(b)穴が確実にはめ合う条件を作成せよ。
また，そのときの状態を動的公差線図で示せ。

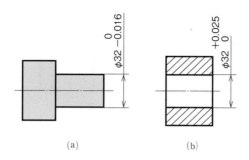

[6] 次図の(a)軸，及び(b)穴が確実にはめ合う条件を，位置度公差と包絡の条件を使って作図し，動的公差線図を作成せよ。
なお，位置度公差の公差値は，軸，穴ともφ0.1とし，穴基準はめあいを適用すること。

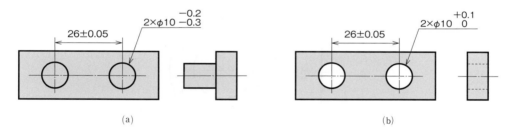

[7] 次図のとおり，穴の位置度公差に最大実体公差方式を適用したとき，動的公差線図と機能ゲージを描け。

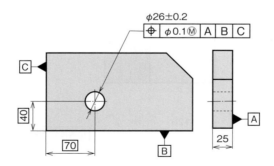

第6章　幾何公差表示方式

[8]　次図に示すような，角部に丸みの付いた中空の穴が空いた板がある。図示した3面をデータムA，B，Cとし，中央の穴に面の輪郭度公差2 mmを設定した図面を作成せよ。

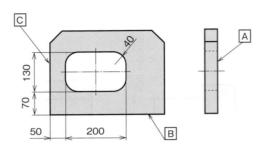

[9]　次図に示すとおり，フランジに六つのM10めねじが等配置されている。面Aと面Bをデータムにして，6×M10に位置度公差φ0.1を適用し，さらに，めねじに突出公差域15 mmを設定した図面を作成せよ。

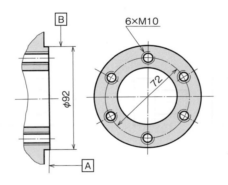

[10]　次図のような，あり溝がある。面Aと面Bをデータムにして，この溝の斜面に位置度公差0.04を適用した図面を作成せよ。

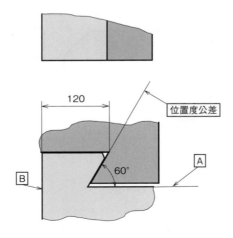

[11] 次図に示す直径 φ30 h7 0/−0.021 の軸心をデータム A とし，キー溝の幅 8 0/−0.036 に 0 Ⓜ の対称度公差を適用するとともに，φ30 の軸にも Ⓜ を適用せよ。

さらに，キー溝の動的公差線図と機能ゲージを描け。

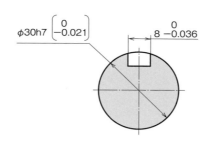

[12] 次図に示す歯車減速装置がある。歯車 1 と歯車 2 の中心距離を，位置度公差を使用して位置決めしたい。ケーシングの右側面をデータム A，底面をデータム B として，以下の指示に従って図面を作成せよ。

① ベアリングが入る穴のサイズは 4 個とも φ62 H6 とし，側面図などは省略してよい。
② 歯車 1 の左側のベアリングの入る穴の位置度公差を φ0.05 とし，これをデータム C とする。
③ データム C に対して，歯車 1 の右側のベアリングの入る穴の同軸度公差を φ0.02 とし，これをデータム D とする。
④ 歯車 2 の入る左右のベアリングを共通公差域 CZ とし，共通データム C − D に対する位置度公差を φ0.02 CZ* とする。さらに，公差枠近くに，「注記* φ0.02 はバックラッシが増加する方向にだけ適用すること」と注記すること。

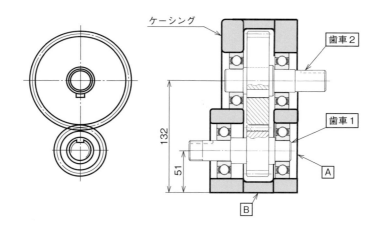

— 173 —

第7章
表面性状

7.1 表面性状

　加工された表面の仕上がり状態や粗さは**表面性状**と呼ばれ，製品の性能を左右するだけでなく，外観や製品の寿命にも関係する重要な要素である。そのため，JISには表面状態の要求事項を指示するために，種々の**表面性状パラメータ**が規定されている[注1]。

　例えば，切削工具で除去加工された工作物の表面を拡大すると，図7−1のような凹凸面が観察される。これを**筋目**（加工方向）と直角の方向（断面A−B）に拡大して記録すると，同図(b)のような**断面曲線**が得られる。

　断面曲線には多くの不規則な波形成分が含まれるため，まとめて取り扱うのは実用上不都合なことが多い。そこで，断面曲線を電気的フィルタで分離して，細かな凹凸成分の**粗さ曲線**（同図(c)）と大まかなうねり成分の**うねり曲線**（同図(d)）とに分けて表示させる。これらは，まとめて**輪郭曲線パラメータ**と呼ばれる。

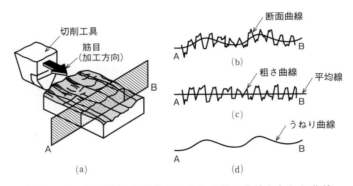

図7−1　表面性状の測定で得られる粗さ曲線とうねり曲線

注1）くぼみ，傷などの表面欠損は，表面性状パラメータには含まれない。

7.2 輪郭曲線パラメータ

7.2.1 粗さパラメータ

輪郭曲線パラメータのうち,表面性状の評価に用いられる**粗さパラメータ**は,高さ方向と水平方向の2種類のパラメータに分類される。そのうち前者には**算術平均粗さ Ra,最大高さ粗さ Rz** など11種類があり,後者には**輪郭曲線要素の平均粗さ RSm** などがある[注2]。

このうち,工業界で最も一般的に使用される粗さパラメータは Ra と Rz である。

(1) **算術平均粗さ Ra**

図7-2において,**算術平均粗さ** Ra は,粗さ曲線から**基準長さ** lr を抜き取り,平均線より下側の部分を平均線で折り返し,斜線部分の面積をならしたときの高さを μm で表示する。式で表すと,次のとおりとなる。

$$Ra = \frac{1}{l}\int_0^{lr} |f(x)| dx \qquad 式(7-1)$$

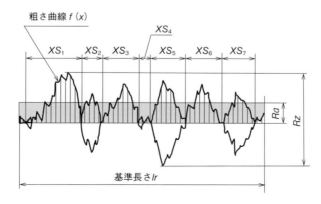

図7-2 算術平均粗さ Ra,最大高さ粗さ Rz 及び輪郭曲線要素の平均粗さ RSm の関係

基準長さ lr は,**カットオフ値**に等しくとり,予想される Ra の数値に合わせて表7-1から選択する。ここで,**評価長さ** ln は,カットオフ値から定まる測定範囲である。

Ra は,平均値であり,キズや突起などの影響を受けず安定した結果が得られ,数値が大きいほど表面が粗いと判断できる。

注2) 粗さパラメータのうち,JIS改正で削除された旧「十点平均粗さ」は国内で長年使われてきたことから,**十点平均粗さ Rz_{JIS}** として使用が認められている。

第7章　表面性状

表7－1　算術平均粗さ Ra の基準長さと評価長さ（研削加工面の例）（JIS B 0633：2001）

Ra [μm]	粗さ曲線の 基準長さ(lr) [mm]	粗さ曲線の 評価長さ(ln) [mm]
$(0.006)<Ra\leqq0.02$	0.08	0.4
$0.02<Ra\leqq0.1$	0.25	1.25
$0.1<Ra\leqq2$	0.8	4
$2<Ra\leqq10$	2.5	12.5
$10<Ra\leqq80$	8	40

(2)　最大高さ粗さ *Rz*

図7－2において，最大高さ粗さ Rz は，基準長さ lr における粗さ曲線の山の高さの最大値と谷の深さの最小値との和を μm で表示する。Rz は，キズや突起の有無を確認できるため品質の安定に役立つが，Ra に比べて測定値のばらつきが大きく，再現性が低い。

(3)　輪郭曲線要素の平均粗さ *RSm*

図7－2において，輪郭曲線要素の平均粗さ RSm は，粗さ曲線が平均線を横切る横方向の間隔 XS_i の平均長さを表す。式で表すと，次のとおりである。

$$RSm=\frac{1}{m}\sum_{i=1}^{m}XS_i \quad (i=1,\ 2,\ 3,\ \cdots\cdots,\ m) \cdots\cdots\cdots\cdots\cdots\cdots\cdots\cdots 式（7－2）$$

7.3 表面性状の図示方法

7.3.1 除去加工の有無

表面性状の**基本図示記号**には図7－3に示す3種類がある。同図(a)は，**除去加工**（切削加工・研削加工・ラッピング・電解研磨など）をする場合の図示記号である。

同図(b)は，除去加工をしない場合（塑性加工・鋳造など），同図(c)は，除去加工の有無を問わない場合の図示記号である。ただし，要求事項を記入せず，これらの図示記号だけを使うことはできない。

(a) 除去加工をする場合　　(b) 除去加工をしない場合　　(c) 除去加工の有無を問わない場合

図7－3　表面性状の基本図示記号（JIS B 0031：2003）

表面性状の要求事項の記入位置を図7－4に示す。ただし，表面性状の要求事項が表面性状パラメータだけの場合は，その数値（Ra 1.6, Rz 25 など）の指示だけでよい。

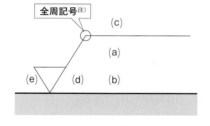

(a)：通過帯域又は基準長さ，表面性状パラメータ
(b)：複数パラメータが要求されたときの二番目以降の
　　　パラメータ指示
(c)：加工方法
(d)：筋目とその方向
(e)：削り代

注）全周とは，指示された部品を1周する
　　面全体を指す（正面と背面を除く）。

図7－4　表面性状の要求事項の記入位置

7.3.2 粗さパラメータ

上述の図7－4(a)の位置には，表面性状パラメータの数値（単位：μm）を指示する。

算術平均粗さ Ra の数値は何でもよいわけではなく，表7－2に示す標準数列が推奨され，特に太字で示した数値を優先して使用する。

最大高さ粗さ Rz 及び十点平均粗さ Rz_{JIS} の数値は，任意に選ぶことができるが，表7－3の標準数列の中から選ぶのがよい。特に太字（灰色枠）で示した数値を優先して使用する。

第7章　表面性状

表7－2　Ra の標準数列（JIS B 0031：2003）

［単位：μm］

	0.012	0.125	1.25	12.5	125
	0.016	0.160	1.60	16.0	160
	0.020	0.20	2.0	20	200
	0.025	0.25	2.5	25	250
	0.032	0.32	3.2	32	320
	0.040	0.40	4.0	40	400
	0.050	0.50	5.0	50	
	0.063	0.63	6.3	63	
0.008	0.080	0.80	8.0	80	
0.010	0.100	1.00	10.0	100	

表7－3　Rz 及び Rz_{JIS} の標準数列（JIS B 0031：2003）

［単位：μm］

	0.125	1.25	12.5	125	1250
	0.160	1.60	16.0	160	1600
	0.20	2.0	20	200	
0.025	0.25	2.5	25	250	
0.032	0.32	3.2	32	320	
0.040	0.40	4.0	40	400	
0.050	0.50	5.0	50	500	
0.063	0.63	6.3	63	630	
0.080	0.80	8.0	80	800	
0.100	1.00	10.0	100	1000	

7.3.3　表面性状の許容限界

　表面性状の許容限界は，次のいずれかによる。標準は，**16％ルール**である。

　①　16％ルール

　パラメータの測定値のうち，許容限界値を超える数が16％以下であれば要求値を満たすものとして受け入れられる（図7－5(a)）。

　②　最大値ルール

　パラメータの測定値のうち，一つでも図面に指示された要求値を超えてはならない。このルールを適用した場合，パラメータ記号の後に「max」を付けて指示する（同図(b)）。

　③　両側許容限界値

　二つの限界値を上の行と下の行に分けて指示する。このとき，上限値（「16％ルール」又は「最大値ルール」を適用）を上の行に，同下限値を下の行に指示する。

　なお，記号「U」及び「L」を省略してもよい。（同図(c)）

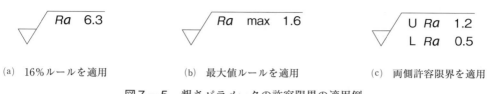

(a) 16%ルールを適用　　(b) 最大値ルールを適用　　(c) 両側許容限界を適用

図7-5　粗さパラメータの許容限界の適用例

7.3.4　加工方法，筋目，削り代の指示

　表面性状の図示記号へ**加工方法**を指示するときは，表7-4の加工方法又はその記号を前述の図7-4(c)の位置に指示する。

　また，加工によって生じる筋目とその方向は，表7-5に示す記号を用いて，図7-4(d)の位置に指示する。

　なお，筋目の方向が指示されていない場合は，粗さの測定方向は筋目に直角，すなわち，粗さが最大値を取る方向に測定することを原則とする。

　削り加工を行う場合の削り代は，その数値を図7-4(e)の位置に指示する。

表7-4　加工方法記号の一例（JIS B 0122：1978 参考）

加工方法	記号
旋削	L
フライス削り	M
穴あけ	D
リーマ仕上げ	DR
中ぐり	B
形削り	SH
研削	G
超仕上げ	GSP
手仕上げ	F
放電加工	SPED
電解加工	SPEC
レーザ加工	SPLB
鋳造	C
鍛造	F
研磨	SP
ショットピーニング	SHS
陽極酸化	SA
塗装	SPA

第7章　表面性状

表7－5　筋目方向の記号（JIS B 0031：2003）

記　号	説明図及び解釈
＝	筋目の方向が，記号を指示した図の投影面に平行 例　形削り面，旋削面，研削面 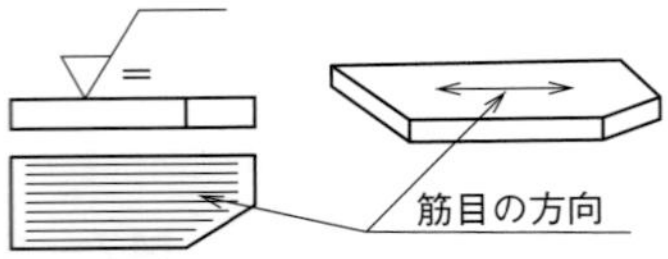
⊥	筋目の方向が，記号を指示した図の投影面に直角 例　形削り面，旋削面，研削面 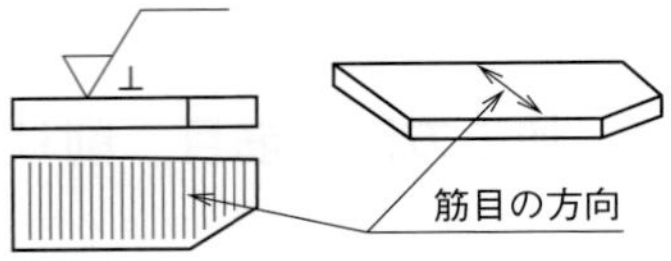
X	筋目の方向が，記号を指示した図の投影面に斜めで2方向に交差 例　ホーニング面 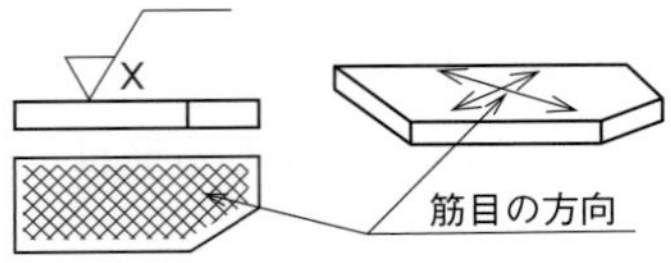
M	筋目の方向が，多方向に交差 例　正面フライス削り面，エンドミル削り面 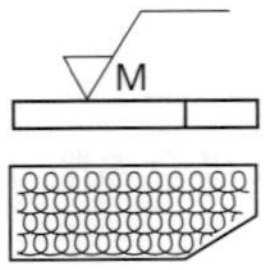
C	筋目の方向が，記号を指示した面の中心に対してほぼ同心円状 例　正面旋削面 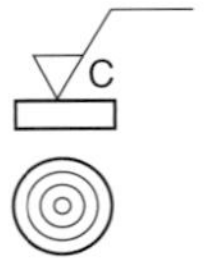
R	筋目の方向が，記号を指示した面の中心に対してほぼ放射状 例　端面研削面 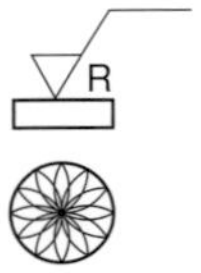
P	筋目が，粒子状のくぼみ，無方向又は粒子状の突起 例　放電加工面，超仕上げ面，ブラスチング面 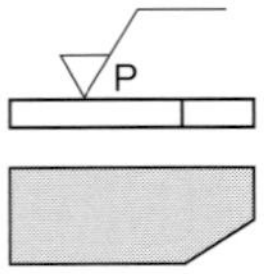

注）これらの記号によって明確に表すことのできない筋目模様が必要な場合には，図面に「注記」としてそれを指示する。

－ 182 －

7.4 表面性状の図面指示

7.4.1 基本的な指示方法

　表面性状の図示記号は，対象とする形体に対して1回だけ指示する。すなわち，重複指示はしない。図7-6に示すとおり，表面性状の図示記号は，図面の下辺又は右辺から読むことができるように，外形線又は寸法補助線に接するように指示し，それ以外は引出線及び参照線を用いて参照線に接するように記入する。
　なお，図示記号は，形体の外側又は参照線の上側から当てる。

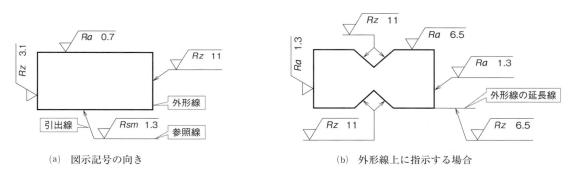

図7-6　図示記号の基本的な指示方法（JIS B 0031：2003）

　引出線の端末記号を実体の内部から引き出す場合には，小さい黒丸を用いる（図7-7）。
　表面性状を指示する形体が，明確に区別できる場合は，形体の寸法線に表面性状の図示記号を指示することができる（図7-8）。

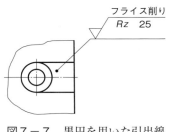

図7-7　黒円を用いた引出線

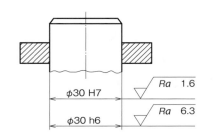

図7-8　寸法線に図示記号を指示する場合

幾何公差の公差記入枠に，表面性状の図示記号を指示することもできる（図7－9）。

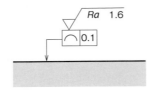

図7－9　幾何公差の公差記入枠に表面性状を指示する場合

7.4.2　簡略指示方法

大部分の形体が同じ表面性状をもつ場合は，図7－10のように一括して指示することができる。同図(a)は，一部に異なった表面性状がある場合を基本図示記号で表示した場合，同図(b)は具体的な指示値を記入した場合である。

なお，一括指示記号は，図面の表題欄，主投影図又は参照番号の近くに記入する。

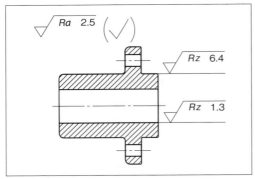
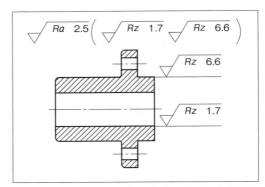

(a)　（✓）は，この部品の一部に異なった表面性状の要求事項があることを示す。

(b)　この部品の一部に（　）内に指示した表面性状の要求事項があることを示す。

図7－10　大部分が同じ表面性状を一括指示する方法（JIS B 0031：2003）

同じ表面性状を繰り返し指示することを避けたい場合や，指示スペースが狭い場合，又は同じ指示事項が部品の大部分で用いられる場合は，**参照指示**をすることができる（図7－11）。参照指示は，表題欄の近く，又は一般事項を指示するスペースに示す。

7.4 表面性状の図面指示

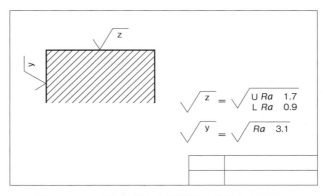

図7-11 表面性状を参照指示で代用する場合

同じ表面性状が部品の大部分に用いられる場合，図7-12に示すように，図面に参照指示であることを示し，基本図示記号を対象面に適用してよい。

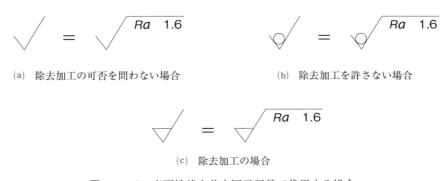

図7-12 表面性状を基本図示記号で代用する場合

対象面にめっき，溶射などの表面処理をする場合は，その前後の表面性状の数値を指示できる（図7-13）。

図7-13 表面処理前後の表面性状の指示（表面処理の場合）

7.5 複合された表面性状と転がり円うねり

7.5.1 プラトー構造表面

粗さパラメータが複合された表面性状パラメータとして，**プラトー構造表面**がある。これは，図7－14のように，凸部が平ら（プラトー）で，平滑面と無数の凹部で形成された表面をいう。

ホーニング加工などで摺動部の凸部を平滑化すると摩擦抵抗が減り，凹部は表面張力を助長し潤滑油保持機能（油だまり）となり，良好な潤滑状態が維持され，油温上昇と摩耗を抑制できる。

なお，プラトー構造表面の特性は，評価長さに対する実体部分の比率を表す**アボットの負荷曲線**[注3]から得られる**負荷長さ率 Rmq** などで評価される。

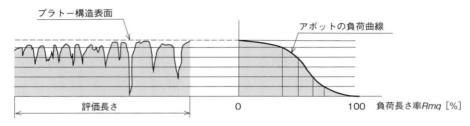

図7－14　プラトー構造表面

7.5.2 転がり円うねり

表面性状パラメータには，粗さ曲線・うねり曲線・断面曲線に加えて，図7－15に示すような，**転がり円うねり**に関する曲線が規定されている。これは，一定の半径の円板（転がり円）で断面曲線をたどったときの円板の中心の軌跡で定義される。**転がり円最大高さうねり W_{EM}** と，**転がり円算術平均うねり W_{EA}** とがある。

なお，測定に用いる転がり円の半径は，0.08～25 mm の6種類から選択することが望ましい。

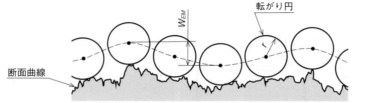

図7－15　転がり円うねりのイメージ図（転がり円最大高さうねりの場合）

注3）粗さ曲線の中心線に平行な線によって切断された水平方向の長さの合計の，全体に対する比率（％）を図示したもの。

7.6 モチーフパラメータ

7.6.1 モチーフの定義

　図7-16に示すように，断面曲線は隣り合う谷に挟まれた**局部山**と，隣り合う山に挟まれた**局部谷**とに二分される。このうち，二つの局部山に挟まれた局部谷を**粗さモチーフ**（roughness motif）と呼ぶ。ただし，局部山は，必ずしも隣り合うとは限らない。

　左右の局部山から縦方向に測定した谷底までの二つの深さのうち，浅いほうを**粗さモチーフ深さ**と呼ぶ。一方，左右の局部山の横方向の長さを**粗さモチーフ長さ**と呼ぶ。

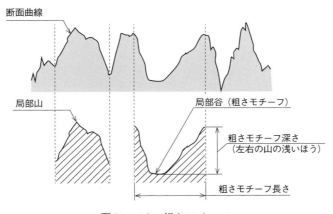

図7-16　粗さモチーフ

　同様に，**うねりモチーフ**（waviness motife）は，断面曲線の山頂を連ねた包絡うねり曲線から得られる**うねりモチーフ深さ**（左右の浅いほうの山と谷との差）と呼ぶ（図7-17）。

　一方，左右の山の横方向の長さを，**うねりモチーフ長さ**と呼ぶ。

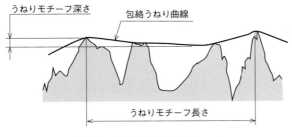

図7-17　うねりモチーフ

第7章　表面性状

7.6.2　モチーフパラメータの算出

　粗さモチーフとうねりモチーフから，各種のモチーフパラメータが算出される。モチーフパラメータには，**粗さモチーフの平均長さ**，**粗さモチーフの平均深さ**，**うねりモチーフの平均長さ**，**うねりモチーフの平均深さ**などがある。

　モチーフパラメータは，摺動面や過酷な状況にさらされる表面性状の評価に役立つ。そのため，潤滑下の滑り・乾燥摩擦・転がり・流体摩擦・気密性などの機能を有する製品の劣化の評価に有効である。

7.7　表面性状の測定

　表面性状の測定は，図7－18に示すような触針式**表面粗さ測定機**が使用される。同測定機は，被測定物の表面を鋭いダイヤモンドの触針でなぞり，その微小な上下動を電気的に拡大して断面曲線を得る。これをデータ処理し，表面性状パラメータを得る。

　ここで，表面性状パラメータは，輪郭曲線パラメータ，モチーフパラメータ，負荷曲線パラメータの総称である。このうち，輪郭曲線パラメータは，同図(b)～(d)のような粗さ曲線（R），うねり曲線（W）及び断面曲線（P）に分類される。

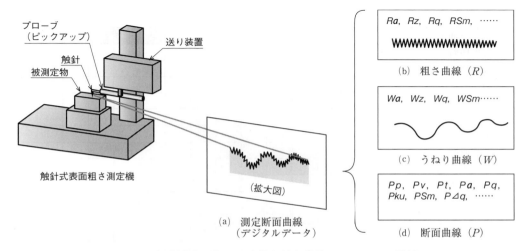

図7－18　触針式表面粗さ測定機と輪郭曲線パラメータの種類

　粗さ曲線（R）は，断面曲線に振幅伝達率50％の**カットオフ値**λsとλcの間の波長（バンドパスフィルタ）だけを通過して得られる輪郭曲線のことであり，図7－19のように，これ以外の波長はフィルタで除去される。

　うねり曲線（W）は，振幅伝達率50％のカットオフ値λcとλfの間の波長だけを通過した輪郭曲線として得られる。

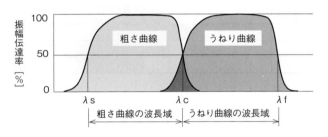

図7－19　粗さ曲線とうねり曲線のカットオフ値

7.8　加工方法と表面性状との関係

　各種の加工方法と，それによって得られる算術平均粗さ Ra との関係を表7 − 6 に示す。一般に，表面性状パラメータの数値が小さいほど加工時間を要し，加工コストは高騰する。そのため，表面性状に加工方法を指定したり，加工不要な箇所を指定したりすることで無駄な加工が減り，コスト削減につながる。

表7 − 6　算術平均粗さ Ra と各種加工方法との関係（BS 1134：2010 参考）

Ra [μm]	50	25	12.5	6.3	3.2	1.6	0.8	0.4	0.2	0.1	0.05	0.025	0.012
レーザ加工		■	■	■		■	■	■	■	■	■	■	
火炎切断		■	■	■									
はつり		■	■	■									
のこ引き		■	■	■	■								
形削り		■	■	■	■	■							
ドリル				■	■	■							
工業エッチング				■	■	■	■						
電解研磨					■	■	■	■	■				
フライス加工		■	■	■	■	■	■						
ブローチ加工					■	■	■	■					
リーマ加工					■	■	■	■					
ボーリング、旋削			■	■	■	■	■	■					
バレル研磨					■	■	■	■	■				
電解研削						■	■	■	■	■			
ローラ研磨							■	■	■				
研削				■	■	■	■	■	■	■	■		
ホーニング						■	■	■	■	■	■	■	
ポリシング							■	■	■	■	■	■	■
ラッピング								■	■	■	■	■	■
超仕上げ								■	■	■	■	■	■
砂型鋳造		■	■	■									
熱間圧延		■	■	■									
鍛造			■	■	■	■							
金型鋳造				■	■	■							
インベストメント鋳造				■	■	■	■						
押出し成形				■	■	■	■						
冷間圧延，引抜き					■	■	■	■					
ダイキャスト					■	■	■						

第7章 章末問題

[1] 次に示す表面性状の指示方法のうち正しいものに○，誤っているものに×を付け，その理由を述べよ。

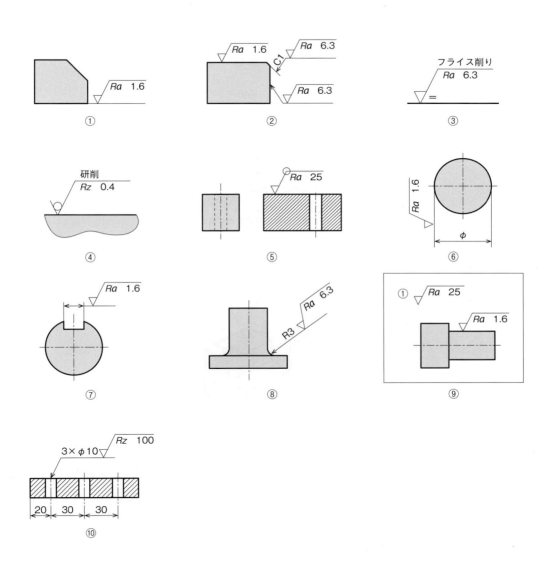

［2］～［9］の設問は，3D，又は2Dの図面で描かれている。各指示に従って寸法，寸法公差，幾何公差及び表面性状の指示記号などを記入し，図面を完成させよ。

なお，必要に応じて独立の原則 JIS B 0024，鋳造の普通公差 JIS B 0403 － CT8，及び機械加工の普通公差 JIS B 0405 － m，又は JIS B 0419 － K などを指示すること。

［2］ 次に示す立体図から主投影図（片側断面図）を描き，寸法記入及び表面性状の基本図示記号を記入せよ。

　　　面A：Ra 25，面B：Ra 6.3，面C：Ra 1.6，面D：∀

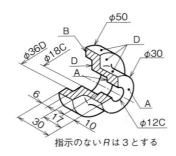

［3］ 次図の鋳造部品は，ロストワックス法で製作され，その後に機械加工されている。

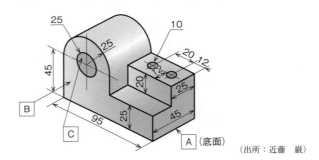

（出所：近藤 巖）

① 鋳造品の表面性状は，素材の状態で Rz 50 以下に仕上げられている。

② 2 × φ10 の貫通穴は，ボール盤で加工される。二つの穴は，「理論的に正確な寸法（TED）20」だけ離れた位置にあり，それぞれ底面のデータム A に対して位置度公差 φ 0.4 が与えられ，かつ，最大実体公差方式を適用すること。

③ 穴 C は，面 B をデータムとして直角度公差 φ 0.1 を指示すること。

④ 穴 C は，サイズ公差 H7 で加工され，表面性状は Ra 1.6 以下に仕上げられている。

［4］ 次図の部品は，砂型による鋳造で素材を作り，面A，B及び図に示されていない底面を切削加工されている。

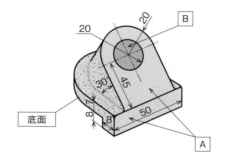

（出所：（設問3に同じ））

① 鋳肌面の表面性状は，Rz 200 とすること．
② 鋳肌面と鋳肌面をつなぐ部位には，半径2mmのフィレット（丸み）が付いている．
③ 底面をデータムXとして，面Bは傾斜度公差0.1を指示すること．
④ 面A及び図に示されていない底面の表面性状は，Ra 6.3 以下に仕上げてある．
⑤ 穴Bは，サイズ公差H7で加工されており，Ra 1.6 以下に仕上げてある．

［5］　次図の部品は，砂型による鋳造で素材を作り，面A，B及び図に示されていない面を切削加工されている．

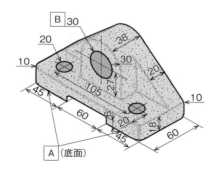

（出所：（設問3に同じ））

① 鋳肌面の表面性状は，Rz 200 とすること．
② 鋳肌面と鋳肌面をつなぐ部位には，半径2mmのフィレット（丸み）が付いている．
③ 面A及び図に示されていない面の表面性状は，Ra 6.3 以下に仕上がっている．
④ 穴Bは，サイズ公差H7で加工されており，表面性状はRa 1.6 以下に仕上げてある．さらに，左右の底面を共通データムAとして平行度公差0.1とすること．
⑤ 二つのキリ穴は，ボール盤で加工されている．

— 193 —

第7章　表面性状

［6］　次図の部品は，砂型による鋳造で素材を作り，面A，B及び図に示されていない面を切削加工されている。

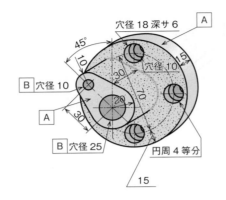

（出所：（設問3に同じ））

① 鋳肌面の表面性状は，$Rz\ 200$ とすること。
② 鋳肌面と鋳肌面をつなぐ部位には，半径2mmのフィレット（丸み）が付いている。
③ 面A及び図に示されていない面は，表面性状 $Ra\ 6.3$ 以下に仕上げてある。
④ 穴径25の面B及び穴径10の面Bは，ともにサイズ公差H7で加工されており，表面性状 $Ra\ 6.3$ 以下に仕上げてある。
⑤ 四つの穴と座ぐりは，ボール盤で加工してある。
⑥ 部品の底面（裏面）をデータムXとし，穴径25の面Bは，データムXに対する直角度公差を $\phi\ 0.1$ とすること。
⑦ 穴径25の面Bの中心軸をデータムYとし，穴径10の面Bは，データムYに対して平行度公差を $\phi\ 0.1$ とすること。
⑧ データムX及びデータムYに対して，四つの穴径10 ＋0.36/0の位置度公差を $\phi\ 0.2$ とし，$\phi\ 0.2$ 及びデータムYに最大実体公差方式を適用すること。
⑨ 四つの穴径10 ＋0.36/0の動的公差線図と機能ゲージを描くこと。

［7］　次図の部品は，砂型による鋳造で素材を作り，面A，B及び，図に示されていない面を切削加工されている。

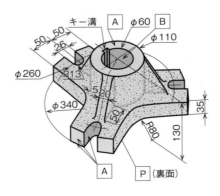

（出所：（設問3に同じ））

① 鋳肌面の表面性状は Rz 200 とすること。
② 鋳肌面と鋳肌面をつなぐ部位には半径 2 mm のフィレット（丸み）が付いている。
③ 面 A 及び図に示されていない面の表面性状は Ra 6.3 以下で仕上げてある。
④ 穴 B は，サイズ公差 H7 で加工されており，表面性状は Ra 1.6 以下で仕上げてある。
⑤ 面 P をデータム P とし，データム P に対して穴 B の直角度公差を ϕ 0.05 とすること。
⑥ 穴 B の中心軸をデータム Q とすること。
⑦ データム P 及びデータム Q に対する 3 カ所の溝 U の位置度公差を 0.2 とすること。
⑧ キー溝の幅は JIS B 1301 の付表 4 の普通形を適用して，18 ±0.021 とすること。
⑨ データム Q に対してキー溝の両端面の対称度公差を 0 とし，同溝及びデータム Q に最大実体公差を適用すること。
⑩ キー溝の動的公差線図と機能ゲージを描くこと。

［8］除去加工された下記の立体図を参照して全断面図を完成し，サイズ公差，幾何公差，表面性状を記入せよ。

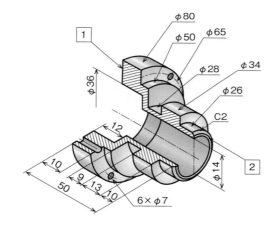

・ ϕ 14　公差クラス H，IT8
・ ϕ 34　公差クラス h，IT7
・ ϕ 26　許容差 0/－0.01
・ ϕ 36　許容差 +0.05/0
・ ϕ 80　許容差 ± 0.3
・ 10　許容差 0/－0.3
・ 6 × ϕ 7　許容差 +0.36/0，ざぐり径 14 深さ 1
・ 指示のない角隅の丸みは R2

なお，幾何公差に関する指示事項は，次のとおりである。
① 面①の平面度公差を 0.05 とし，この面をデータム A とすること。

② データム A に対して，穴 φ36 の直角度公差を φ0.03 とすること．
③ データム A に対して，面②の平行度公差を 0.2 とすること．
④ データム A に対して，φ14 の直角度公差を φ0.03 とし，この面をデータム B とすること．
⑤ データム A とデータム B に対して，φ34 の外周面の全振れ公差を 0.05 とすること．
⑥ データム A とデータム B に対して，φ65 円周上に等配された 6×φ7 の穴の位置度公差を φ0.1 とし，位置度公差及びデータム B に最大実体公差方式Ⓜを適用すること．6×φ7 の動的公差線図と機能ゲージを描くこと．

[9] 次図の鋳物部品で，主投影図を X－Y で全断面図とし，必要な寸法，表面性状，幾何公差を指示せよ．

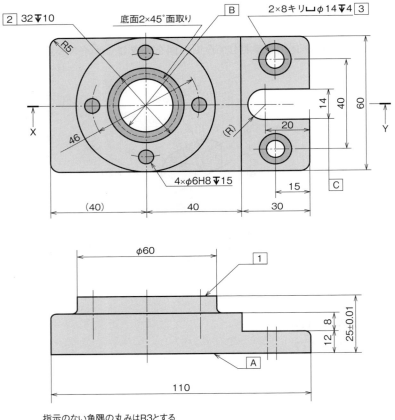

指示のない角隅の丸みは R3 とする

なお，幾何公差に関する指示事項は，次のとおりである．
① 底面 A の平面度公差を 0.05 とし，この面をデータム A とすること．
② データム A に対する上面 1 の平行度公差を 0.05 とすること．
③ 面 B の穴の直径を φ24 +0.02/0 とし，データム A に対する中心軸の直角度公差を φ0.1 とすること．さらに，この中心軸をデータム B とすること．

④ データ B に対する上面の穴 2 の同軸度公差を φ 0.03 とすること。

⑤ 溝 C の中心面をデータ C とすること。

⑥ データ A とデータ B に対する，上面の 4 x φ 6 H8 の穴の位置度公差を φ 0.02 とし，位置度公差及びデータ B に最大実体公差方式Ⓜを適用すること。

⑦ 穴 4 × φ 6 H8 の動的公差線図と機能ゲージを描くこと。

⑧ データ A 及び共通データ B – C に対する，二つの穴 3 の位置度公差を 0.3 とすること。

第8章
材 料 記 号

第8章　材料記号

8.1　材料記号

8.1.1　鉄鋼記号及び非鉄金属記号の表し方

　材料記号は，原則として①材質，②規格又は製品名，③種類の三つの部分からできている。例として SS400 と FC200 は，表8－1に示す意味をもつ。

表8－1　材料記号の意味

①材　質	②規格又は製品名	③種　類	④名　称
S（Steel）	S（Structural）	400（引張強さ）	一般構造用圧延鋼材2種
F（Ferrum）	C（Casting）	200（引張強さ）	ねずみ鋳鉄品3種

注）④名称は，参考のため表示している。

　次に，材料記号を表す三つの部分（①～③）について説明する。

　①は，材質を表すが，英語又はラテン文字の頭文字，もしくは元素記号を用いる。表8－2に例を示す。

　②は，規格名又は製品名を表す。英語，又はラテン文字の頭文字を使って，板，棒，管，線，鋳造品などの製品形状別の種類や用途を表した記号を組み合わせて製品名を表す。表8－3に例を示す。

　③は，種類を表し，材料の種類番号の数字，最低引張強さ，又は耐力を示す。表8－4に例を示す。

　なお，①～③の表示以外で，形状，製造方法，熱処理状況，硬さなどを表す必要がある場合には，表8－5の符号を末尾に付けて表す。

表8－2　材質を表す記号の例

記　号	材　質	備　考
F	鉄	Ferrum
S	鋼	Steel
A	アルミニウム	Aluminium
B（旧規格）	青銅	Bronze
C	銅	Copper
Bs（旧規格）	黄銅	Brass
HBs（旧規格）	高力黄銅	High Ttrength Brass
W	ホワイトメタル	White Metal
PB（旧規格）	りん青銅	Phophor Bronze

— 200 —

8.1 材料記号

表8−3 規格名又は製品名を表す記号の例

記 号	規格名又は製品名	備 考	記 号	規格名又は製品名	備 考
B	棒又はボイラ	Bar, Boiler	PV	圧力容器用鋼板	Pressure Vessel
C	鋳造品	Casting	S	一般構造用圧延材	Structural
CD	球状黒鉛鋳鉄品	Ductile Casting	T	管	Tube
CM	クロムモリブデン鋼	Chromium Molybdenum	TB	ボイラ・熱交換機用管	Boiler Heat exchenger
CMB	黒心可鍛鋳鉄品	Malleable Casting Black			
CMW	白心可鍛鋳鉄品	Malleable Casting White	TK	構造用炭素鋼鋼管	ラテン文字
Cr	クロム鋼	Chromium			
F	鍛造品	Forging	TP	配管用管	Piping
GP	ガス管	Gas Pipe	U	特殊用途鋼	Special-Use
K	工具鋼	ラテン文字	UH	耐熱鋼	Heat-Resisting
KD	合金工具鋼（ダイス鋼）	ラテン文字	UJ	軸受鋼	ラテン文字
			UM	快削鋼	Machinnability
KH	高速度工具鋼	High Speed	UP	バネ鋼	Spring
KS	合金工具鋼	Special			
KT	合金工具鋼（鍛造型鋼）	ラテン文字	US	ステンレス鋼	Stainless
NC	ニッケルクロム鋼	Nickel Chromium	V	リベット用圧延材	Rivet
NCM	ニッケルクロムモリブデン鋼	Nickel Chromium Morybdenum	W	線	Wire
			WM	銑線	Miled Steel Wire
P	薄板	Plate	WP	ピアノ線	Piano Wire
PC	冷間圧延鋼板	Cold rolled Plate	WRM	軟鋼線材	Mild Wire Rod
PG	亜鉛鉄板	Galvanized	WRH	超鋼線材	Hard Wire Rod
PH	熱感圧延鋼板	Hot rolled Plate	WRS	ピアノ線材	Spring Wire Rod

表8−4 種類を表す記号の例

記 号	種 類
1	1 種
2A	2 種 A
A	A 種又は A 号
2S	2 種特殊級 （Special）
400	引張り強さ又は耐力

表8−5 製造方法などを末尾に付けて表す記号の例

記 号	名 称	記 号	名 称
W	線	Q	焼入焼もどし
CP	冷延板	−O	軟質
HP	熱延板	−OL	軽軟質
WR	線材	−½H	半硬質
TP	配管用管	−H	硬質
−D9	冷間引抜き（許容差9級）	−EH	特硬質
−T8	切削（許容差8級）	−SH	ばね質
−G7	研削（許容差7級）	−F	製出のまま
N	焼ならし	−SR	応力除去材

— 201 —

第8章　材料記号

次に，鉄鋼記号及び非鉄金属の記号例を示す。

例1）一般構造用圧延鋼材

$\underset{①②\ \ \ \ ③}{\text{S S 4 0 0}}$
　　　① 鋼
　　　② 一般構造用圧延材
　　　③ 最低引張強さ 400 N/mm²

例2）ねずみ鋳鉄品

$\underset{①②\ \ \ \ ③}{\text{F C 2 0 0}}$
　　　① 鉄
　　　② 鋳造品
　　　③ 最低引張強さ（肉厚 15 ～ 30 mm）200 N/mm²

例3）青銅鋳物

$\underset{①\ \ \ \ Ⓐ Ⓑ Ⓒ}{\text{C A C 4 0 6}}$
　　　① 銅及び銅合金鋳物（Copper Alloy Casting）
　　　Ⓐ 青銅鋳物
　　　Ⓑ 予備（すべて0）
　　　Ⓒ 6種

例4）機械構造用炭素鋼鋼材（一般的な表し方によらないもの）

$\underset{①\ \ ②\ \ ③}{\text{S 4 5 C}}$
　　　① 鋼
　　　② 炭素含有量 0.42 ～ 0.48 % であること
　　　③ 炭素

例5）構造用合金鋼鋼材

$\underset{①\ \ \ ②\ \ \ Ⓐ\ \ Ⓑ}{\text{S N C M 4 3 1}}$
　　　① 鋼
　　　② 添加元素（ニッケル・クロム・モリブデン鋼）
　　　Ⓐ 合金添加量の表示
　　　Ⓑ 炭素の含有量が 0.27 ～ 0.35 % であること
　　　（旧 SNCM 1　ニッケル・クロム・モリブデン鋼）

8.1.2　伸銅品及びアルミニウム青銅展伸材の記号の表し方

伸銅品は，C1100 P，アルミニウム板は，A1070 P のように表記されるが，その記号は，表 8 － 6 のように材質を表す記号と4桁の数字で表される。

同表①の1位で，Cは，銅及び銅合金の伸銅品を表す。Aは，アルミニウム及びアルミニウム合金のアルミニウム展伸材を表す。

同表②の2位は，主要添加元素による合金の系統（表 8 － 7）を表す。

表 8 － 6 の③に示す3～5位において，伸銅品については CDA（米国の銅開発協会：The Copper Development Association）の合金記号である。アルミニウム展伸材については AA（米国アルミニ

ウム協会：The Aluminum Association）国際登録合金番号である。アルミニウム展伸材の第3位において，日本独自の合金あるいは国際登録合金以外の規格によるものは，Nで表す。

表8-6の④の形状記号は，熱処理状況などを表す調質記号（表8-8）であり，4桁の数字の後に書く。

表8-6　記号の表し方

①1位 材質	②2位 合金系統	③3～5位 合金記号			④末尾 形状記号
C	※	※	※	※	×
A	※	※	※	※	×

表8-7　2位の主要元素による合金の系統を示す数字

	伸銅品		アルミニウム展伸材
1	Cu・高 Cu 系合金	1	純度 99.00% 以上のアルミニウム
2	Cu-Zn 系合金	2	Al-Cu-Mg 系合金
3	Cu-Zn-Pb 系合金	3	Al-Mn 系合金
4	Cu-Zn-Sn 系合金	4	Al-Si 系合金
5	Cu-Sn 系合金・Cu-Sn-Pb 系合金	5	Al-Mg 系合金
6	Cu-Al 系合金・Cu-Si 系合金特殊 Cu-Zn 系合金	6	Al-Mg-Si 系合金
		7	Al-Zn-Mg 系合金
7	Cu-Ni 系合金・Cu-Ni-Zn 系合金	8	上記以外の合金
		9	予備

表8-8　末尾に付ける形状記号

記　号	意　味	記　号	意　味
P	板，条，円板	TW	溶接管
PC	合わせ板	TWA	アーク溶接管
BE	押出棒	S	押出形材
BD	引抜棒	BR	リベット材
W	引抜線	FD	型打鍛造品
TE	押出継目無管	FH	自由鍛造品
TD	引抜継目無管		

次に，伸銅品及びアルミニウム青銅展伸材の記号例を示す。

例1）銅板

C1100P　　　①　銅及び銅合金
①②　③　④
　　　　　　　②　Cu・高 Cu 系合金

　　　　　　　③　CDA 番号

　　　　　　　④　板

— 203 —

第8章　材料記号

例2）黄銅線

C2700W　　① 銅及び銅合金
①② ③ ④
　　　　　　　② Cu − Zn 系合金

　　　　　　　③ CDA 番号

　　　　　　　④ 引抜線

例3）アルミニウム板

A1070P　　① アルミニウム及びアルミニウム合金
①② ③ ④
　　　　　　　② 純アルミニウム

　　　　　　　③ 合金番号

　　　　　　　④ 板

例4）アルミニウム合金押出棒

A7N01BE　　① アルミニウム及びアルミニウム合金
①②③ ④ ⑤
　　　　　　　② Al − Zn − Mg 系合金

　　　　　　　③ 日本独自の合金

　　　　　　　④ 制定の順位

　　　　　　　⑤ 押出棒

なお，JIS で定められた主な材料記号を，巻末の付表5〜7に示す。

8.1.3　質　量　計　算

製品を作る場合には，その製品の原価計算のため，製品の質量を計算しなければならない。部品の質量は，次のようにして求める。

　　　　部品の質量＝ 材料の単位体積の質量［密度］ × 図より計算した部品の体積
　　　　　　　　　　　　……………………………………………………… 式（8 − 1）

部品の質量を求める方法は，次のとおりである。

① 複雑形状なものの体積は，計算しやすい形状に分割して求める。

② 小さな穴や面取り，丸みのある部分は，計算しやすい形状で体積を求め，後で差引き計算をする。

　　また，素材質量の場合は，細かい部分の計算を省略することが多い。

③ 市販の部品の質量は，カタログを参考にする。

④ 棒鋼，形鋼，鋼板，平鋼などは，それぞれ JIS に規定されているものを用いる。

主な材料の 1 mm^3 当たりの質量は，表8 − 9のとおりである。

8.1 材料記号

表8－9 材料のおよその密度

[単位：10^{-6} kg/mm³]

金属材料			非金属材料[注]		
材料名	記号	密度	材料名	記号	密度
鋼	S○○	7.8	プラスチック	P○○	1.0
鋳鉄	F○○	7.3	アクリル樹脂	PMMA	1.2
銅合金	C○○	8.5	ABS樹脂	ABS	1.0
アルミニウム合金	A○○	2.7	ジュラコン	POM	1.4

注）樹脂材料は，種類が極めて多く，同じ材質でも数多くの品質があり，密度も一定でないため注意が必要である。

■ 質量の計算例

図8－1に示す部材から，部品の質量及び素材の質量を求めよ。ただし，材料は，軟鋼（密度 7.85 × 10^{-6} kg/mm³）とする。

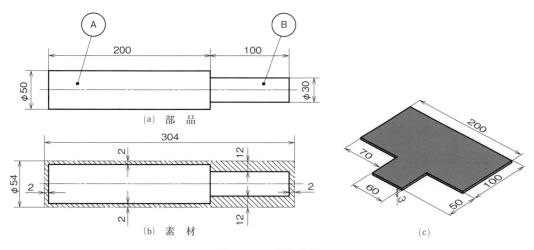

図8－1 軟鋼部材

〔解〕

① 部品の質量：同図(a)のように，部品をⒶ，Ⓑに区分して計算する。

Ⓐ部の体積 = $\pi/4 \times 5^2 \times 20 = 392.699 \cdots ≒ 392.7$ [cm³]

Ⓑ部の体積 = $\pi/4 \times 3^2 \times 10 = 70.685 \cdots ≒ 70.7$ [cm³]

したがって，

体積 = （Ⓐ＋Ⓑ）＝ 392.7 + 70.7 = 463.4 [cm³]

質量 = 463.4 × 7.85 × 10^{-3} = 3.637 … ≒ 3.64 [kg]

② 素材の質量：部品の質量を求めたのと同じように計算するが，仕上げ程度に応じた仕上げしろを加えるとともに，丸棒から加工することを考えればよい（同図(b)）。

体積 = $\pi/4 \times 5.4^2 \times 30.4 = 696.227 \cdots ≒ 696.2$ [cm³]

質量 = 696.2 × 7.85 × 10^{-3} = 5.465 … ≒ 5.47 [kg]

第8章 材料記号

③ 図8 − 1(c)は，次のとおり計算する。

体積 ＝ (100 × 200+50 × 60) × 3 ＝ 69000 [mm³]

質量 ＝ 69000 × 7.85 × 10⁻⁶ ＝ 0.541 [kg]

第8章　章末問題

第8章　章末問題

［1］　材料記号を構成しているものには，どのようなものがあるか挙げよ。

［2］　SS400 と S45 C の数字は，何を表しているか説明せよ。

［3］　ニッケルクロムモリブデン鋼の，規格名又は製品名を表す記号は何か，示せ。

［4］　材質を表す記号には，どのようなものがあるか挙げよ。

［5］　熱間圧延鋼板と冷間圧延鋼板の違いは何か，説明せよ。

［6］　アルミニウム展伸材で Al－Mg 系合金を，材質を表す記号と数値で述べよ。

［7］　アルミニウム合金で 2000 番台，5000 番台，7000 番台の違いは何か，説明せよ。

［8］　アルミニウム合金に使われる 4 桁の数字の後に続く形状記号で，押出棒材の記号は何が使われ
　　　ているか示せ。

［9］　ねずみ鋳鉄品で，引張強さ（N/mm^2）200 以上を記号で表せ。

第9章
溶接記号

第9章　溶接記号

9.1　溶接記号

　溶接は，金属の永久結合方法の一つとして利用されており，極めて強固に結合できる特徴をもっている。造船や車両，自動車，橋梁，建築，圧力容器，パイプ，機械，原子炉，電気製品，家庭用品，そのほかあらゆる金属工業に広く利用されている。ここでは，**溶接記号**について述べる。

9.1.1　溶接の種類

　溶接方法には，ガス溶接や電気溶接が多く用いられる。

　ガス溶接は，可燃性ガスと酸素が結び付いて燃焼する際に発生する熱を利用して金属を溶融した後で，接合することをいう。使用される可燃性ガスは，アセチレンを用いることが多い。

　電気溶接は，電気的エネルギーを利用する溶接方法である。アークによる熱を利用するアーク溶接，電気抵抗による発熱を利用する抵抗溶接がある。

　アーク溶接は，溶接する母材と電極棒の間又は2本の電極間にアークを発生させ，生じる高温を利用する溶接方法である。アーク溶接には，TIG溶接やMIG溶接などがある。

　TIG（ティグ：Tungsten Inert Gas）溶接は，不活性ガスをシールドに使った溶接である。火花を飛び散らさずに，ステンレスやアルミニウム，鉄など，様々な金属の溶接に使用できる。放電用電極を消耗しない溶接方法であり，電極にタングステンを使う。シールドガスには，アルゴンガスやヘリウムガスなどの不活性（Inert）ガスを使用する。

　MIG（ミグ：Metal Inert Gas）溶接は，ティグ溶接と同様にシールドガスに不活性ガスを使用する。ミグ溶接の場合，放電電極が溶ける消耗電極式の溶接方法である。ステンレスやアルミ合金の接合などに使用される。溶接する素材によってシールドガスを使い分ける。

　溶接場所による分類をすると，工場溶接と現場溶接に分けられる。工場内で溶接可能な製品と工場外の設備場所でないと溶接できないものがある。工場外の設置現場で溶接作業を行うことを現場溶接という。現場溶接が必要な場合には，溶接記号で指示をする。

9.1.2　溶接継手

　アーク溶接やガス溶接などに用いる継手は，JISで基本的な形が決められている。

　また，溶接接合に必要な開先形状も基本的な形が決められている。

(1)　溶接継手の種類

　アーク溶接，ガス溶接に用いる**溶接継手**として使用されている代表的なものとして，突合せ継手，

— 210 —

重ね継手，角継手，T継手，へり継手，片面当て板継手，両面当て板継手，十字継手，フレア継手などがある。

(2) 開先形状の種類

溶接は，二つの部材の接合部を完全に溶融させて接合する方法である。接合する二つの部材の間に溝（グルーブ）が必要となる。両部材間の溝（グルーブ）を溶融させるのと同時に埋めて融着させ，固定することが溶接の目的である。強固に溶接するためには，部材の一部に面取りを行う必要がある。溶接に必要な部材の面取りのことを**開先**という。

開先の種類には，図9－1に示すようにI形，V形，X形，レ形，K形，J形，両面J形，U形，H形などがある。

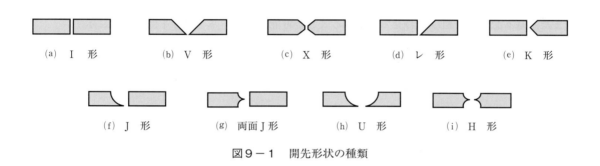

図9－1　開先形状の種類

(3) 溶接深さ

溶接深さとは，開先溶接において継手強度に関わる溶接の深さのことであり，溶接表面から溶接底面までの寸法（S）のことをいう。図9－2に示すとおり，完全溶込み溶接は板厚に等しくなる。また，ビーム溶接の場合，板厚よりも溶接深さが短くなる場合もある。

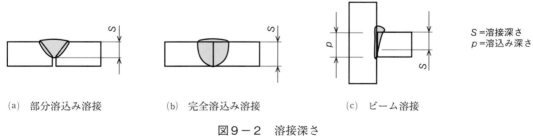

図9－2　溶接深さ

9.1.3　溶接記号

アーク溶接，ガス溶接及び抵抗溶接の溶接部を図面で指示する場合，**溶接記号**（JIS Z 3021：2016）を使用する。溶接記号は，「基線」，「矢」，「補助記号」，「寸法」，「／」（斜線）又は「尾」で構成される。製図上で溶接継手の種類，位置，開先を表す記号からなる。

第9章 溶接記号

簡易溶接記号は,「矢」,「基線」,「尾」で構成され,継手の種類は指示されない(図9－3)。溶接記号には,次に述べるとおり,基本記号と補助記号がある。

図9－3 簡易溶接記号

(1) **溶接部の基本記号**

基本記号は,施工される溶接の種類を示すものである。記号は,基線に添えられる。また,基本記号は,組み合わせて使用することが可能である。基本記号を図9－4に示す。

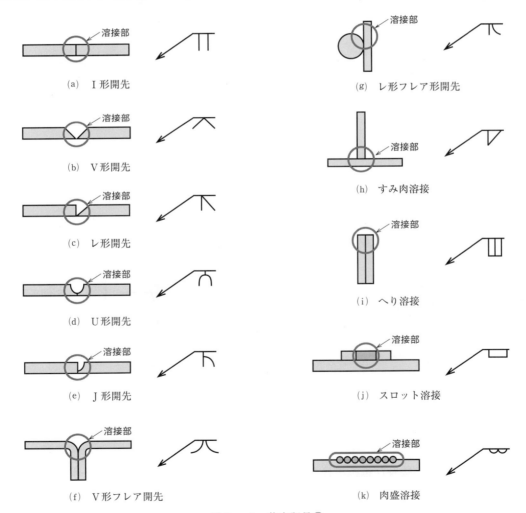

図9－4 基本記号①

－212－

9.1 溶接記号

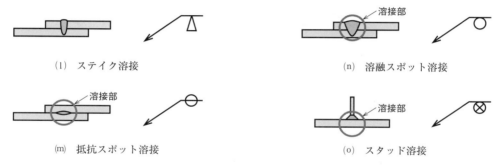

図9-4　基本記号②

(2) 溶接補助記号

補助記号は，溶接の形状，施工方法などを示すために使用され，基本記号に近接して記載される。補助記号を図9-5に示す。

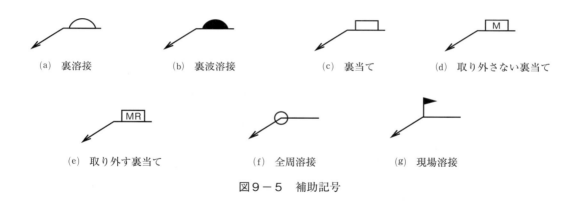

図9-5　補助記号

補助記号の使用例を図9-6に示す。凸形，凹形，平ら，滑らかな止端仕上げがある。加工を行う場合は，図9-7に示すとおり，「C」，「G」，「M」，「P」の記号を用いる。

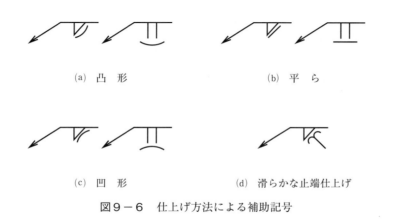

図9-6　仕上げ方法による補助記号

― 213 ―

第9章 溶接記号

(a) チッピング　　(b) グラインダ　　(c) 切削　　(d) 研磨

図9－7　加工方法による補助記号

9.1.4　溶接記号の説明

(1) 矢

矢は，溶接個所を示し継手を構成する部分に接触していなければならない。この矢は，基線の端に45°又は60°で連結する。角度は，図面上で統一することが望ましい。溶接の種類が同じ場合には，複数の矢を用いてもよい。

開先を取る側を示す必要があるときは，矢を折って示さなければならない。

継手の矢の側を溶接記号は，基線の下側に配置される（基本記号が基線の上か下かで溶接される側が決定される。

国際規格では，塗りつぶしの矢印で表しているが傘形でもよい。ただし，図面の中では統一が望ましい。

図9－8に矢を用いた溶接記号の例を，図9－9に矢の側が示す溶接側の記入例を示す。

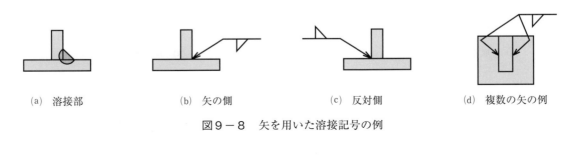

(a) 溶接部　　(b) 矢の側　　(c) 反対側　　(d) 複数の矢の例

図9－8　矢を用いた溶接記号の例

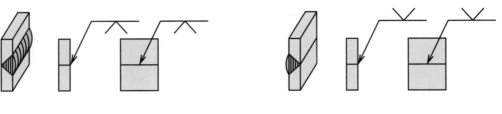

(a) 矢の側（手前側）　　　　　(b) 矢の反対側（向こう側）

図9－9　矢の側が示す溶接側の記入例

(2) 基　　線

基線は，図枠の底辺に平行に描くことが基本である。描けない場合は図9－10(b)のように図枠の右側辺に平行に記入してもよい。この場合，溶接記号は90°回転する。

基本記号を伴った基線は，溶接の施工される側を示す。

(a) 基線は底辺に平行に描く　　(b) 基線は図面の右側辺に平行に描く
　　　　　　　　　　　　　　　（底辺に平行に描けない場合）

図9－10　基線の記入例

(3) 尾

尾は，基線の矢と反対側の端部に付けられる「＜」の形をした要素のことである。尾には，補足的指示が溶接記号の一部となる。

図9－11(a)の尾の「＊＊＊＊＊」部分には品質等級，溶接方法，溶接材料，溶接姿勢，水密溶接（ウォータータイト），気密などが示される。情報は，「／」で区切って列挙する。

他の文書で指示する必要があるときは，「A1」などの記号を四角で囲い，注記などで図面上に指示する（同図(c)）。

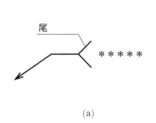

JIS Z 3312（軟鋼，高張力鋼及び低温鋼用のマグ溶接及びミグ溶接ソリッドワイヤ）
JIS Z 3011（溶接姿勢－傾斜角及び回転角による定義）
JIS Z 3253（溶接及び熱切断用シールドガス）

(a)　　　　　　　　　　　　(b)

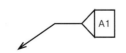

そのほかの文書で指示するときは閉じた尾を用いる

(c)

図9－11　尾の記入例

9.1.5 溶接寸法

　寸法は，基線の基本記号と同じ側に記入する。断面寸法は，基本記号の左側に記入する（図9－12）。すみ肉溶接に限っては，数字以外の文字を添えてもよい。
　長さは，図9－13に示すとおり基本記号の右側に記入する。長さの指示がない場合は，継手全長にわたって溶接する。二点間溶接記号を用いるときは，指示された二点間とする。連続溶接の寸法は，溶接要素の長さ，個数，溶接の中心間隔を基本記号の右側に記入する。

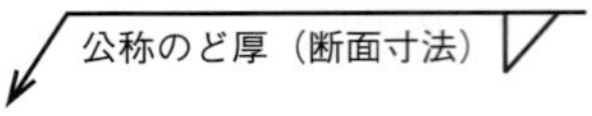

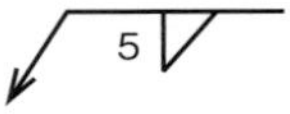

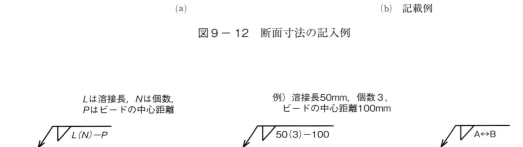

図9－12　断面寸法の記入例

図9－13　長さの記入例

　次に，各溶接方法における記入時の注意点を述べる。
① 並列断続溶接
　並列断続溶接の寸法を基線の両側に記入する（図9－14）。
② 千鳥断続溶接
　千鳥断続溶接の寸法を基線の両側に記入する。記号は，基線の両側でずらして記入する（図9－15）。

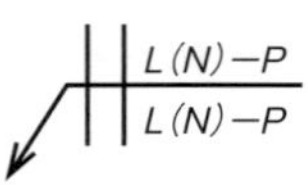

図9－14　並列断続溶接の寸法記入例 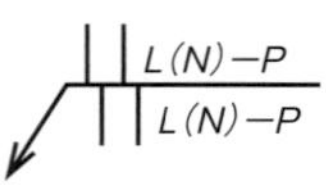　　　図9－15　千鳥断続溶接の寸法記入例

9.1 溶接記号

③ 断続溶接

断続溶接において，端部から継手端部までの溶接されない長さは，図面上に指示する（図9－16）。

④ 突合せ溶接

溶接深さは，開先溶接の場合には，溶接深さに括弧を付けて，溶接記号の左側に記入する。断面寸法の記入がない場合は完全溶込みとなる（図9－17）。

⑤ 両側溶接

両側溶接は，それぞれの側に寸法を記入する。完全溶込み溶接の場合，寸法は記入しない（図9－18）。

⑥ フランジ溶接

フランジ溶接は，完全溶込み溶接のため寸法は記入しない。

⑦ フレア溶接

フレア溶接は，溶接部が丸い部分と平面，鉄筋のような丸い部分同士の溶接を行うときに使われる。必ず溶接深さを記入する（図9－19）。

図9－16 断続溶接の寸法記入例

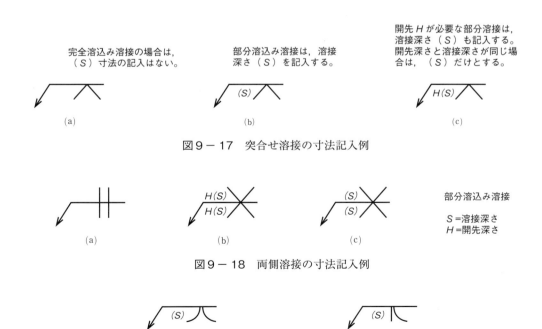

図9－17 突合せ溶接の寸法記入例

図9－18 両側溶接の寸法記入例

図9－19 フレア溶接の寸法記入例

⑧ すみ肉溶接

すみ肉溶接の寸法は，脚長で示し，基本記号の左側に記入する。公称のど厚で示す場合には，寸法の前に「a」を記入する（図9－20）。

不等脚の場合は図9－21に示すとおり，小さいほうの脚長を前に，大きいほうの脚長を後ろに記入する（不等脚すみ肉溶接の大小関係を尾で指示するか，実形を図に示すのがよい）。

⑨ 深溶込みすみ肉溶接

深溶込みすみ肉溶接は，寸法の前に「ds」を付けて，公称のど厚の前に記入する（図9－22）。

図9－20　すみ肉溶接の寸法記入例

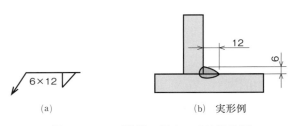

図9－21　不等脚の場合の寸法記入例

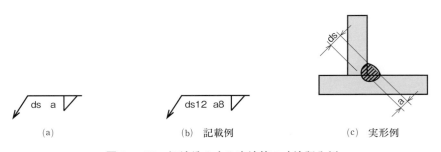

図9－22　深溶込みすみ肉溶接の寸法記入例

⑩ プラグ溶接

プラグ溶接は，重ね継手において，重ね合わせた一方の母材に貫通穴をあけ，貫通穴部分を溶接することによって両母材を接合する方法であり，せん溶接（栓溶接）ともいわれる。

接合面における所要直径の頭に「d」を付けて，プラグ溶接記号の左側に記入する（図9－23）。

⑪ スロット溶接

スロット溶接は，重ね継手（母材の一部を重ねた溶接継手）において，重ね合わせた一方の母材に

スロット状の細長い穴をあけて，両母材を接合する溶接方法であり，溝溶接ともいわれる。
　接合面における所要の幅の頭に「c」を付けて，スロット溶接記号の左側に記入する（図9－24）。

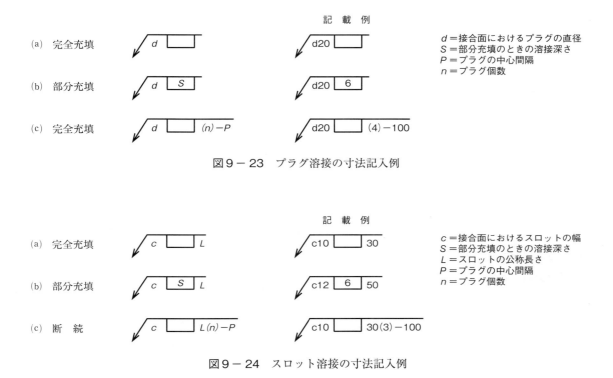

図9－23　プラグ溶接の寸法記入例

図9－24　スロット溶接の寸法記入例

⑫　スポット溶接
　スポット溶接は，溶接したい2片の金属母材を上下から電極で挟み込み，接触部を電極で加圧し，加圧した電極から金属母材へ大電流を流すことにより，電気抵抗によるジュール熱を発生させ，被溶接材を局部的に発熱・溶融させて接合する電気抵抗溶接の方法である。
　スポット径をスポット溶接記号の左側に記入する（図9－25）。

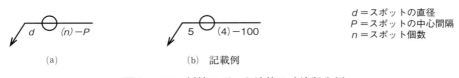

図9－25　抵抗スポット溶接の寸法記入例

― 219 ―

第9章　溶接記号

⑬　シーム溶接

シーム溶接は，電気抵抗溶接の一つである。溶接材を円板電極で挟み，円板電極を回転させながら通電して，電気抵抗による加熱により溶接材を連続的に接合する方法である。機密性を得ることができるなどの特徴がある。

接合面における所要の溶接幅を，シーム溶接記号の左側に記入する（図9－26）。

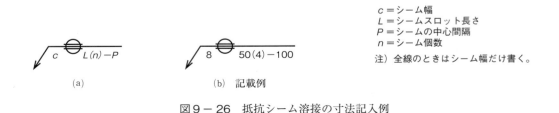

図9－26　抵抗シーム溶接の寸法記入例

⑭　ヘリ溶接

ヘリ溶接とは，二つ以上の素材を平行に重ねた状態で，素材の端面を溶接する方法をいう。開先を用いない端面溶接であるため強度は高くできない特徴がある。

溶接表面から溶込みの底までの最小距離（S）を，ヘリ溶接記号の左側に記入する（図9－27）。

⑮　スタッド溶接

スタッド溶接は，スタッドと呼ばれるボルトやナットを金属板に溶接する方法のことで，スタッド材と母材との間に電流を流すことで生じるアーク放電によって，スタッドと母材を接合させる溶接方法である。スタッド径をスタッド溶接記号の左側に記入する（図9－28）。

図9－27　ヘリ溶接の寸法記入例　　　図9－28　スタッド溶接の寸法記入例

⑯　肉盛溶接

肉盛溶接は，材料の表面に所定の厚さの金属を溶着する溶接をいう。肉盛溶接は，耐摩耗性もしくは耐食性などの性能を向上させるために使われる。肉盛厚さ（S）を肉盛溶接記号の左側に記入する（図9－29）。

⑰　多段基線

連続する作業を指示するために，複数の基線を用いてもよい。最初の作業を矢尻に最も近い基線で指示し，引き続き行う作業は，他の基線で指示する。図9－30に記入例を示す。

9.1 溶接記号

図9−29 肉盛溶接の寸法記入例

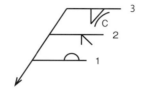

1：最初の作業
2：2番目の作業
3：3番目の作業
注）1，2，3の数字は作業順序を示すもので，製図には記載しない。

図9−30 多段基線の記入例

9.1.6 溶接部の非破壊検査記号

非破壊検査記号は，矢の部分に記入する（図9−31）。先に試験方法記号，その後に補助記号を記入する。

試験方法記号には，RT（放射線透過試験），UT（超音波探傷試験），MT（磁粉探傷試験），PT（浸透探傷試験），VT（目視試験），SM（ひずみ測定），LT（漏れ試験），PRT（耐圧試験），ET（渦電流探傷試験），AE（アコースティック・エミッション試験）がある。

また，補助記号には，N（垂直探傷），A（斜角探傷），S（溶接線の片側からの探傷），D（非蛍光探傷），F（蛍光探傷），○（全線試験），B（溶接線を挟む両側からの探傷），W（二重壁撮影），△（部分試験（抜取試験））がある。

図9−31 非破壊検査記号の記入例

最後に，これまで述べた溶接記号の記入例を図9−32に示す。

第9章 溶接記号

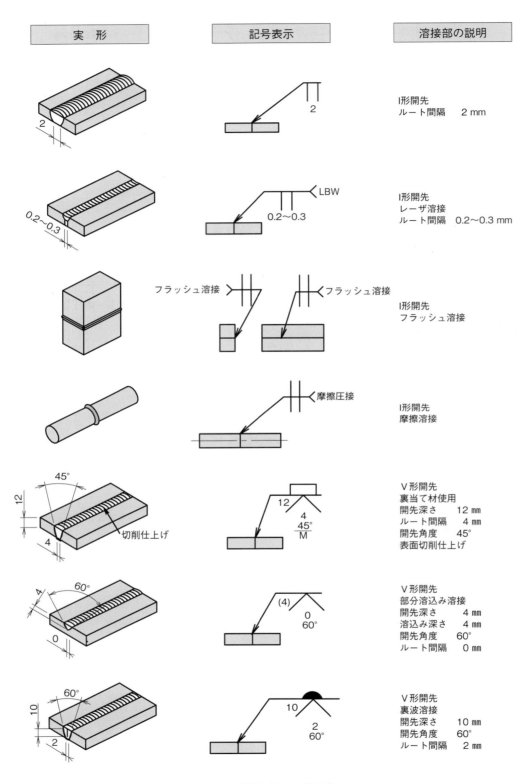

図9－32 溶接記号の記載例①

9.1 溶接記号

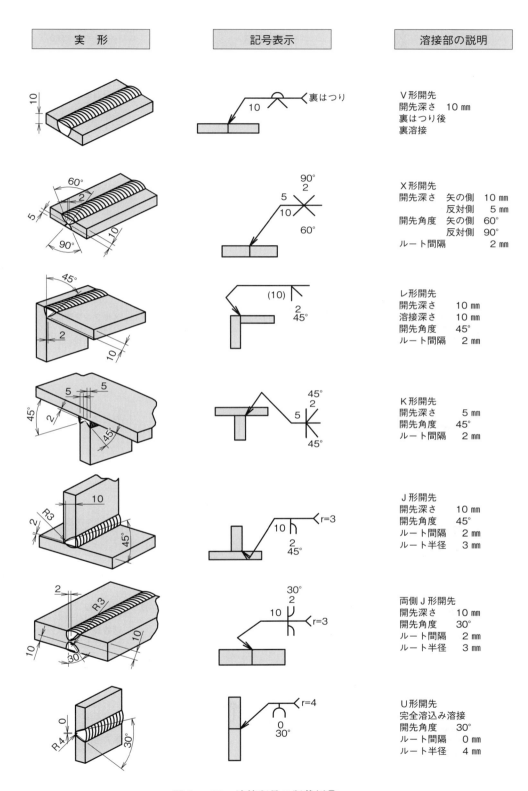

図9−32 溶接記号の記載例②

第9章 溶接記号

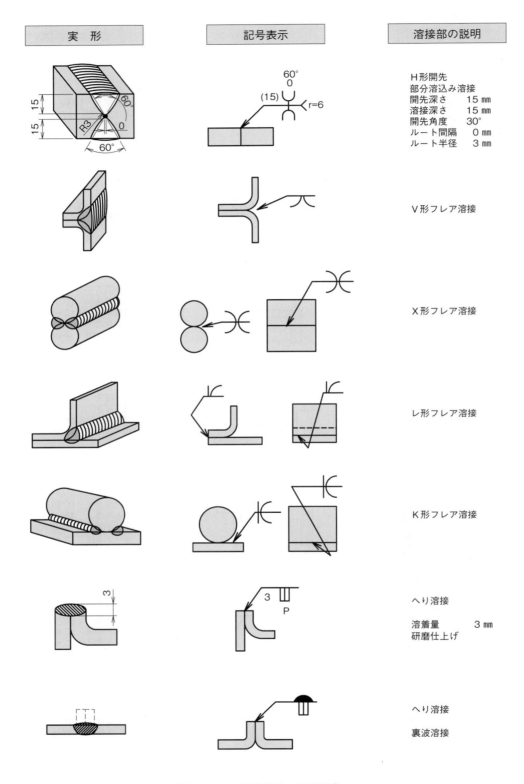

図9-32 溶接記号の記載例③

9.1 溶接記号

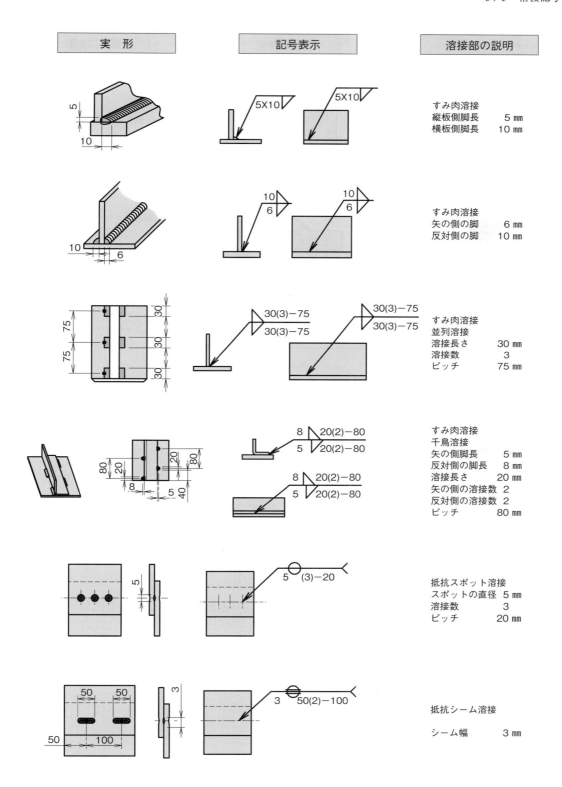

図9-32 溶接記号の記載例④

第9章　溶接記号

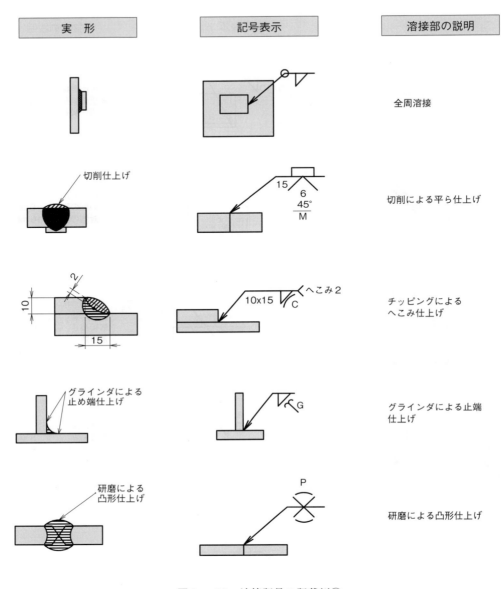

図9－32　溶接記号の記載例⑤

第9章　章末問題

［1］溶接継手には，どのようなものがあるか。五つ以上挙げよ。

［2］開先形状には，どのような種類があるか述べよ。

［3］溶接記号の基本記号でI形開先，V形開先，レ形開先の記号を書け。

［4］すみ肉溶接の記号を書け。

［5］溶接補助記号で全周溶接，現場溶接の記号を書け。

［6］溶接補助記号の表面形状で平ら仕上げ，凸形仕上げ，凹形仕上げ，止端仕上げの記号を書け。

［7］　溶接補助記号でグラインダ仕上げの記号を書け。

第10章
ねじ製図

10.1 ねじ製図

10.1.1 ね　　じ

　ねじは，おねじとめねじを組み合わせて使う。おねじの外径を**呼び径**といい，ねじの大きさ（サイズ又はサイズ寸法）を表す。おねじの外径には，めねじの谷の径が，おねじの谷の径には，めねじの内径がそれぞれ対応している。

　一般にねじは，右ねじが使われるが，必要に応じて左ねじも使われる。例えば，扇風機などの右回転する部品の固定などに使用される。

　ねじの詳細図とその各部名称を図10－1に示す。同図に示すとおり，隣り合うねじ山に対応する2点の軸方向の距離を，**ピッチ**という。

　また，ねじ山の1点がつる巻き線に沿って軸のまわりを一周するとき，軸方向に移動する距離を**リード**という。つる巻き線が1本のねじを**一条ねじ**といい，つる巻線が2本以上のねじを**多条ねじ**という。ピッチを P，ねじの条数を n，リードを l とすると，$l=Pn$ が成立するが，一条ねじはリードとピッチが同じになり，二条ねじではリードはピッチの2倍になる（図10－2）。

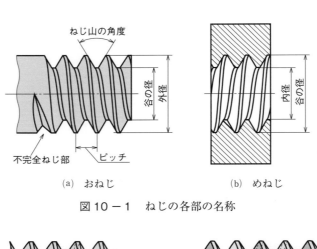

(a) おねじ　　　　(b) めねじ

図10－1　ねじの各部の名称

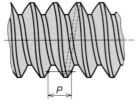
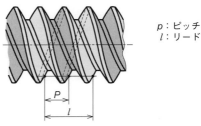

p：ピッチ
l：リード

(a) 一条ねじのおねじ（右ねじ）　　(b) 二条ねじのおねじ（右ねじ）

図10－2　一条ねじと二条ねじ（JIS B 0101：2013）

ねじは，ねじ山の断面形状により，三角ねじ（表10－5参照），角ねじ（図10－3(a)），台形ねじ（同図(b)），のこ歯ねじ（同図(c)），管用（くだ）ねじ（表10－6，表10－7参照）などに分類される。

三角ねじは，ねじ山の形が三角形のねじで，主に，締結用や計測・調整用に使用される。一般用メートルねじは，ねじ山の角度が60°の三角ねじであり，並目ねじとピッチが細かい細目ねじがあり，並目は締結用として，細目は薄物の締結や位置決め用などに使用される。

角ねじ，台形ねじ，のこ歯ねじは，プレスやジャッキなどの力や動力を伝える運動用のねじとして使われることが多い。

管用ねじは，配管接続部など管をつなぐときに用いられる。

(a) 角ねじ　　　　　　(b) 台形ねじ　　　　　　(c) のこ歯ねじ

図10－3　角ねじ，台形ねじ及び，のこ歯ねじ

10.1.2　ねじの表し方

ねじの表し方は，ねじの呼び，ねじの等級及びねじ山の巻き方向の順に表す。ただし，ねじ山の巻き方向の挿入位置は特に定めない。メートル台形ねじは後述の「(4)　ねじの表し方」のｂによる。

| ねじの呼び | ― | ねじの等級 | ― | ねじ山の巻き方向 |

(1)　ねじの呼び

ねじの呼びは，ねじの種類を表す記号，ねじの直径を表す数字及びピッチ又は25.4 mm 当たりの山数（以後，山数という）を用い，次のように構成する。

ａ　ピッチをミリメートルで表すねじの場合

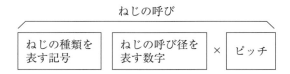

ただし，メートル並目ねじ及びミニチュアねじのように，同一呼び径に対しピッチがただ一つ規定されているねじでは，原則としてピッチを省略する。

ｂ　多条メートルねじの場合

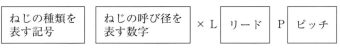

第10章　ねじ製図

c　多条メートル台形ねじの場合

| ねじの種類を表す記号 | ねじの呼び径を表す数字 | × L | リード | （P | ピッチ | ） |

d　ピッチを山数で表すねじの場合（ユニファイねじを除く）

| ねじの種類を表す記号 | ねじの直径を表す数字 | 1インチ(25.4 mm)当たりの山数 |

管用ねじのように同一直径に対し，山数がただ一つ規定されているねじでは，原則として山数を省略する。

e　ユニファイねじの場合

| ねじの直径を表す数字又は記号 | ― | 1インチ(25.4 mm)当たりの山数 | ねじの種類を表す記号 |

表10－1に，ねじの種類を表す記号及びねじの呼びの表し方の例を示す。

表10－1　ねじの種類を表す記号及びねじの呼びの表し方の例（JIS B 0123：1999）

区　　分	ねじの種類		ねじの種類を表す記号	ねじの呼びの表し方の例	引用規格
ピッチをmmで表すねじ	メートル並目ねじ		M	M12	JIS B 0205
	メートル細目ねじ			M12×1.5	JIS B 0207
	ミニチュアねじ		S	S0.5	JIS B 0201
	メートル台形ねじ		Tr	Tr20×4	JIS B 0216
ピッチを山数で表すねじ	管用テーパねじ	テーパおねじ	R	R½	JIS B 0203
		テーパめねじ	Rc	Rc1¼	
		平行めねじ	Rp	Rp⅜	
	管用平行ねじ		G	G¾	JIS B 0202
	ユニファイ並目ねじ		UNC	⅜－16UNC	JIS B 0206
	ユニファイ細目ねじ		UNF	No.8－36UNF	JIS B 0208

(2)　ねじの等級

ねじの等級は，公差グレードと公差位置を組み合わせた公差クラスで表す。公差クラスにより，有効径，おねじの外径及びめねじの内径に対する許容限界寸法がJIS B 0209－2で規定されている。推奨する公差クラスは，はめあい区分の「精」，「中」，「粗」と，はめあい長さが短い「S」，並の「N」，長い「L」との組み合わせで選択する。

なお，ねじ等級の必要がない場合には，省略してもよい。公差クラスが示されていない場合は，はめあい区分「中」のめねじ6H，おねじ6gが適用される（M1.6以上の場合）。

— 232 —

表10-2に推奨するおねじの公差クラス，表10-3に推奨するめねじの公差クラスを示す。また，おねじとめねじの公差位置の関係を同表(a)に示す。

表10-2　推奨するおねじの公差クラス
（JIS B 0209-1：2001 参考）

はめあい区分	公差位置	はめあい長さ	公差クラス
精	g	S	－
		N	4g※3
		L	5g4g※3
	h	S	3h4h※3
		N	4h※1
		L	5h4h※3
中	e	S	－
		N	6e※1
		L	7e6e※3
	f	S	－
		N	6f※1
		L	－
	g	S	5g6g※3
		N	6g※1＊
		L	7g6g※3
	h	S	5h6h※3
		N	6h※2
		L	7h6h※3
粗	e	S	－
		N	8e※3
		L	9e8e※3
	g	S	－
		N	8g※2
		L	9g8g※3

注1）はめあい区分「精」は精密ねじ用，「中」は一般用，「粗」は例えば，深い止まり穴にねじ加工をする場合などの製造上困難が起こり得る場合に使用する。
2）はめあい長さが短い場合「S」（＜2.24Pd$^{0.2}$），並の場合「N」，長い場合「L」（＞6.7Pd$^{0.2}$）とする。
3）※1は第1選択，※2は第2選択，※3は第3選択を表す。
4）＊印は，普通のおねじの場合に選ぶ。

表10-3　推奨するめねじの公差クラス
（JIS B 0209-1：2001 参考）

はめあい区分	公差位置	はめあい長さ	公差クラス
精	H	S	4H※2
		N	5H※2
		L	6H※2
中	G	S	5G※3
		N	6G※1
		L	7G※3
	H	S	5H※1
		N	6H※1＊
		L	7H※1
粗	G	S	－
		N	7G※3
		L	8G※3
	H	S	－
		N	7H※2
		L	8H※2

注1）はめあい長さが短い場合「S」（＜2.24Pd$^{0.2}$），並の場合「N」，長い場合「L」（＞6.7Pd$^{0.2}$）とする。
2）※1は第1選択，※2は第2選択，※3は第3選択を表す。
3）＊印は，普通のめねじの場合に選ぶ。

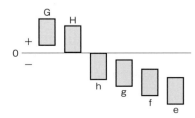

(a)　おねじとめねじの公差位置の関係

(3)　ねじ山の巻き方向

ねじ山の巻き方向は，左ねじの場合には「LH」の文字で表し，右ねじの場合には記入しない。必要な場合には「RH」で表す。

第10章　ねじ製図

(4) ねじの表し方

a　メートル台形ねじ以外の場合

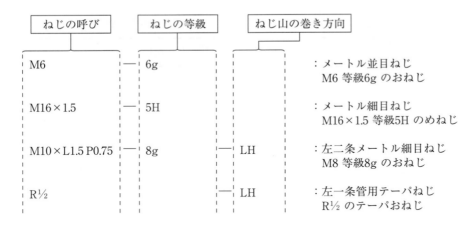

b　メートル台形ねじの場合

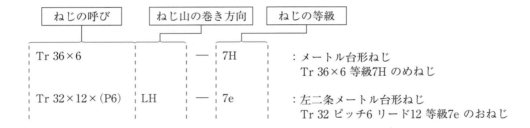

　メートル台形ねじは，ねじの種類を表す記号「Tr」，ねじの呼び径及びピッチ，リードを表す数字を次のように組み合わせて表し，ねじの等級は，「-」を付けて示す。
　なお，ねじの等級は，必要がない場合には省略してもよい。
① 一条メートル台形ねじは，次に示す例のように表す。
　　例) 呼び径 40 mm，ピッチ 7 mm，めねじの等級 7H のとき
　　　　Tr 40 × 7 - 7H
② 多条メートル台形ねじは，次に示す例のように，ピッチはリードの後に括弧を付け，「P」の文字を用いて表す。
　　例) 呼び径 40 mm，リード 14 mm，ピッチ 7 mm，おねじの等級 7e のとき
　　　　Tr 40 × 14（P7）- 7e
③ 左メートル台形ねじは，次に示す例のように「LH」の記号を付けて表す。
　　例) Tr 40 × 7LH - 7H
　　　　Tr 40 × 14（P7）LH - 7e

(5) 実形図示

製品の技術文書（取扱説明書などの一般向けの文書）において，単品及び組み立てられた部品の説明のために，ねじを側面から見た図（図10－4(a)），又はその断面図の実形図示で表すことができる（同図(b)，(c)）。この場合，ねじのピッチや形状は厳密な尺度で描く必要はなく，つる巻線も可能な限り直線で表すのがよい（同図(b)）。ただし，ねじの実形図示は，必要な場合にだけ使用し，一般には次項に示す通常図示で描く。

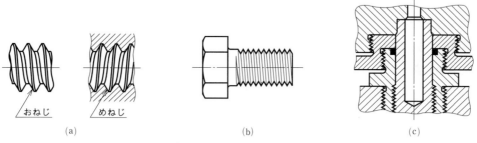

図10－4　ねじの実形図示（(a)(c) JIS B 0002－1：1998）

(6) ねじ製図

a　ねじの図示

ねじを側面から見た図は，ねじの山の頂（通常はおねじの外径，又はめねじの内径を示す）を太い実線で，ねじの谷底（通常はおねじの谷の径，又はめねじの谷の径を示す）を細い実線で示す。

ねじの山の頂と谷底とを表す線の間隔は，ねじの山の高さとできるだけ等しくするのがよい。ただし，この線の間のすきまが「太い線の太さの2倍以上」か「0.7mm」のいずれか大きいほうの値以上とする（図10－5(a)）。

b　ねじの端面から見た図

ねじの側面から見た図においては，ねじの谷底は細い実線で描いた円周の3/4のほぼ等しい円の一部で表し，できる限り右上方に4分円をあけるのがよい。ただし，この欠円の端点は，ねじの中心線上から少しずらす必要がある（同図(a)，(b)）。4分円をあける位置は，やむを得ない場合には，他の位置にあってもよい（同図(c)）。面取り円を表す太い線は，一般に端面から見た図では省略する。

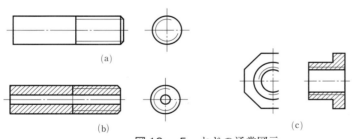

図10－5　ねじの通常図示

c　ねじの断面図示

隠れたねじを示すことが必要なところでは，ねじの山の頂及び谷底は，ともに細い破線で表す（図10-6）。

d　ねじ部品の断面図のハッチング

断面図に示すねじ部品のハッチングは，ねじの山の頂を示す線まで延ばして描く（図10-5，図10-6）。

e　ねじ部の長さの境界

ねじ部の長さの境界が見える場合には，太い実線で，ねじの大径（おねじの外径，又はめねじの谷の径）を示す線まで描いて示す。ただし，隠れている場合で境界を示す必要があるときは，細い破線で描く（図10-5，図10-6）。

f　不完全ねじ部

不完全ねじ部の表示は一般には不用であるが，植込みボルトなど機能上必要なとき，又は寸法指示が必要なときは，中心線に対して30°傾斜した細い実線で表す（図10-7のx部）。

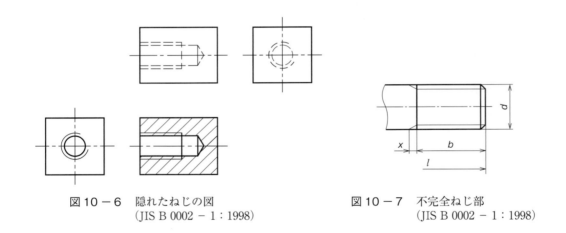

図10-6　隠れたねじの図
（JIS B 0002-1：1998）

図10-7　不完全ねじ部
（JIS B 0002-1：1998）

(7)　組み立てられたねじ部品

組み立てられたおねじとめねじを示すときは，おねじ部品が常にめねじ部品を隠した状態で示し，めねじ部品では隠さない（図10-8）。

(8)　ねじの寸法記入

ねじの呼び径 d は，常におねじの山の頂（図10-9(a)），又はめねじの谷底に対して記入する（同図(b)）。不完全ねじ部が機能上必要である場合（植込みボルトなど），かつ，そのために明確に図示する場合以外は，ねじの寸法は一般にねじ部の長さに対して記入する。

ねじの長さ寸法は，一般に必要であるが，止まり穴深さは，通常省略してもよい。この止まり穴深さの寸法を指定しない場合には，ねじの長さの1.25倍程度に描く（同図(c)）。

また，ねじ加工時の工程で使用する下穴径と下穴長さを併記するときは，右上がりの斜線で区切る（図10－9(d)）。下穴径については，表10－4（次頁）に示す。

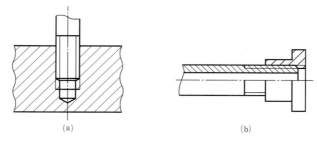

図10－8　組み立てられたねじ部品

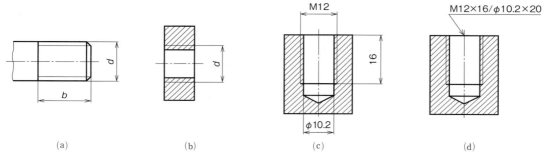

図10－9　ねじの寸法記入例（JIS B 0002－1：1998）

(9)　小径ねじの図示

次の場合には，図示や寸法指示を簡略にしてもよい（図10－10）。

①　直径（図面上の）が6 mm以下
②　規則的に並ぶ同じ形及び寸法の穴又はねじ

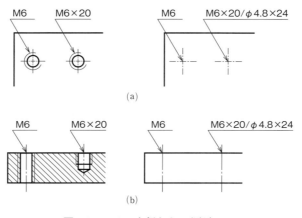

図10－10　小径ねじの図示

— 237 —

第10章　ねじ製図

表10-4　下穴径（メートル並目ねじ）（JIS B 1004：2009）

[単位：mm]

ねじの呼び径 d	ピッチ P	基準のひっかかりの高さ H₁	100	95	90	85	80	75	70	65	最小許容寸法	4H（M1.4以下）5H（M1.6以上）	5H（M1.4以下）6H（M1.6以上）	7H
1	0.25	0.135	0.73	0.74	0.76	0.77	0.78	0.80	0.81	0.82	0.729	0.774	0.785	–
1.1	0.25	0.135	0.83	0.84	0.86	0.87	0.88	0.90	0.91	0.92	0.829	0.874	0.885	–
1.2	0.25	0.135	0.93	0.94	0.96	0.97	0.98	1.00	1.01	1.02	0.929	0.974	0.985	–
1.4	0.3	0.162	1.08	1.09	1.11	1.12	1.14	1.16	1.17	1.19	1.075	1.128	1.142	–
1.6	0.35	0.189	1.22	1.24	1.26	1.28	1.30	1.32	1.33	1.35	1.221	1.301	1.321	
1.8	0.35	0.189	1.42	1.44	1.46	1.48	1.50	1.52	1.53	1.55	1.421	1.501	1.521	
2	0.4	0.217	1.57	1.59	1.61	1.63	1.65	1.68	1.70	1.72	1.567	1.657	1.679	–
2.2	0.45	0.244	1.71	1.74	1.76	1.79	1.81	1.83	1.86	1.88	1.713	1.813	1.838	–
2.5	0.45	0.244	2.01	2.04	2.06	2.09	2.11	2.13	2.16	2.18	2.013	2.113	2.138	–
3	0.5	0.271	2.46	2.49	2.51	2.54	2.57	2.59	2.62	2.65	2.459	2.571	2.599	2.639
3.5	0.6	0.325	2.85	2.88	2.92	2.95	2.98	3.01	3.05	3.08	2.850	2.975	3.010	3.050
4	0.7	0.379	3.24	3.28	3.32	3.36	3.39	3.43	3.47	3.51	3.242	3.382	3.422	3.466
4.5	0.75	0.406	3.69	3.73	3.77	3.81	3.85	3.89	3.93	3.97	3.688	3.838	3.878	3.924
5	0.8	0.433	4.13	4.18	4.22	4.26	4.31	4.35	4.39	4.44	4.134	4.294	4.334	4.384
6	1	0.541	4.92	4.97	5.03	5.08	5.13	5.19	5.24	5.30	4.917	5.107	5.153	5.217
7	1	0.541	5.92	5.97	6.03	6.08	6.13	6.19	6.24	6.30	5.917	6.107	6.153	6.217
8	1.25	0.677	6.65	6.71	6.78	6.85	6.92	6.99	7.05	7.12	6.647	6.859	6.912	6.982
9	1.25	0.677	7.65	7.71	7.78	7.85	7.92	7.99	8.05	8.12	7.647	7.859	7.912	7.982
10	1.5	0.812	8.38	8.46	8.54	8.62	8.70	8.78	8.86	8.94	8.376	8.612	8.676	8.751
11	1.5	0.812	9.38	9.46	9.54	9.62	9.70	9.78	9.86	9.94	9.376	9.612	9.676	9.751
12	1.75	0.947	10.1	10.2	10.3	10.4	10.5	10.6	10.7	10.8	10.106	10.371	10.441	10.531
14	2	1.083	11.8	11.9	12.1	12.2	12.3	12.4	12.5	12.6	11.835	12.135	12.210	12.310
16	2	1.083	13.8	13.9	14.1	14.2	14.3	14.4	14.5	14.6	13.835	14.135	14.210	14.310
18	2.5	1.353	15.3	15.4	15.6	15.7	15.8	16.0	16.1	16.2	15.294	15.649	15.744	15.854
20	2.5	1.353	17.3	17.4	17.6	17.7	17.8	18.0	18.1	18.2	17.294	17.649	17.744	17.854
22	2.5	1.353	19.3	19.4	19.6	19.7	19.8	20.0	20.1	20.2	19.294	19.649	19.744	19.854
24	3	1.624	20.8	20.9	21.1	21.2	21.4	21.6	21.7	21.9	20.752	21.152	21.252	21.382
27	3	1.624	23.8	23.9	24.1	24.2	24.4	24.6	24.7	24.9	23.752	24.152	24.252	24.382

注) -·-線から左側のゴシック体のものは，JIS B 0209－3に規定する4H（M 1.4以下）又は5H（M 1.6以上）のめねじ内径の許容限界寸法内にあることを示す。同様に……から左側のゴシック体のものは，5H（M 1.4以下）又は6H（M 1.6以上）のめねじ内径の許容限界寸法内にあることを示す。又は──線から左側のゴシック体のものは7Hのめねじ内径の許容限界寸法内にあることを示す。
注(1)　めねじ内径の許容限界寸法は，JIS B 0209－3の規定による。

　表10-5に一般用メートルねじの呼び寸法，表10-6に管用平行ねじ，表10-7に管用テーパねじについて，それぞれ示す。

表10-5　一般用メートルねじの基準寸法（JIS B 0205 - 1 : 2001, - 2 : 2001, - 4 : 2001 参考）

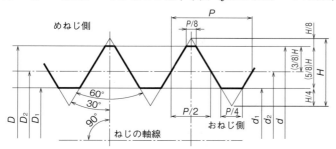

$H = \dfrac{\sqrt{3}}{2}P = 0.866025404P$

$\dfrac{5}{8}H = 0.541265877P$

$\dfrac{3}{8}H = 0.324759526P$

$\dfrac{H}{4} = 0.216506351P$

$\dfrac{H}{8} = 0.108253175P$

D：めねじ谷の径（呼び径）　d_2：おねじ有効径　H：とがり山の高さ
d：おねじ外径（呼び径）　D_1：めねじ内径　P：ピッチ
D_2：めねじ有効径　d_1：おねじ谷の径

[単位：mm]

呼び径 D, d 1欄 第1選択	2欄 第2選択	3欄 第3選択	ピッチ P 並目	細目	有効径 D_2, d_2	めねじ内径 D_1
1			0.25		0.838	0.729
				0.2	0.870	0.783
	1.1		0.25		0.938	0.829
				0.2	0.970	0.883
1.2			0.25		1.038	0.929
				0.2	1.070	0.983
	1.4		0.3		1.205	1.075
				0.2	1.270	1.183
1.6			0.35		1.373	1.221
				0.2	1.470	1.383
	1.8		0.35		1.573	1.421
				0.2	1.670	1.583
2			0.4		1.740	1.567
				0.25	1.838	1.729
	2.2		0.45		1.908	1.713
				0.25	2.038	1.929
2.5			0.45		2.208	2.013
				0.35	2.273	2.121
3			0.5		2.675	2.459
				0.35	2.773	2.621
	3.5		0.6		3.110	2.850
				0.35	3.273	3.121
4			0.7		3.545	3.242
				0.5	3.675	3.459
	4.5		0.75		4.013	3.688
				0.5	4.175	3.959
5			0.8		4.480	4.134
				0.5	4.675	4.459
		5.5		0.5	5.175	4.959
6			1		5.350	4.917
				0.75	5.513	5.188
	7		1		6.350	5.917
				0.75	6.513	6.188
8			1.25		7.188	6.647
				1	7.350	6.917
				0.75	7.513	7.188
		9	1.25		8.188	7.647
				1	8.350	7.917
				0.75	8.513	8.188

呼び径 D, d 1欄 第1選択	2欄 第2選択	3欄 第3選択	ピッチ P 並目	細目	有効径 D_2, d_2	めねじ内径 D_1
10			1.5		9.026	8.376
				1.25	9.188	8.647
				1	9.350	8.917
				0.75	9.513	9.188
		11	1.5		10.026	9.376
				1	10.350	9.917
				0.75	10.513	10.188
12			1.75		10.863	10.106
				1.5	11.026	10.376
				1.25	11.188	10.647
				1	11.350	10.917
	14		2		12.701	11.835
				1.5	13.026	12.376
				1.25	13.188	12.647
				1	13.350	12.917
		15		1.5	14.026	13.376
				1	14.350	13.917
16			2		14.701	13.835
				1.5	15.026	14.376
				1	15.350	14.917
		17		1.5	16.026	15.376
				1	16.350	15.917
	18		2.5		16.376	15.294
				2	16.701	15.835
				1.5	17.026	16.376
				1	17.350	16.917
20			2.5		18.376	17.294
				2	18.701	17.835
				1.5	19.026	18.376
				1	19.350	18.917
	22		2.5		20.376	19.924
				2	20.701	19.835
				1.5	21.026	20.376
				1	21.350	20.917
24			3		22.051	20.752
				2	22.701	21.835
				1.5	23.026	22.376
				1	23.350	22.917
				2	23.701	22.835

第10章 ねじ製図

表10−6 管用平行ねじ (JIS B 0202：1999)

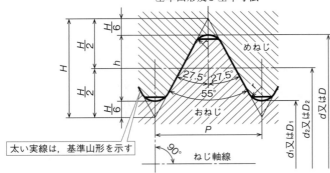

$P = \dfrac{25.4}{n}$
$H = 0.960491P$
$h = 0.640327P$
$r = 0.137329P$
$d_2 = d - h \quad D_2 = d_2$
$d_1 = d - 2h \quad D_1 = d_1$

［単位：mm］

ねじの呼び	ねじ山数 (25.4 mm につき) n	ピッチ P (参考)	ねじ山の高さ h	山の頂及び谷の丸み r	おねじ 外径 d / めねじ 谷の径 D	おねじ 有効径 d_2 / めねじ 有効径 D_2	おねじ 谷の径 d_1 / めねじ 内径 D_1
G 1/16	28	0.9071	0.581	0.12	7.723	7.142	6.561
G 1/8	28	0.9071	0.581	0.12	9.728	9.147	8.566
G 1/4	19	1.3368	0.856	0.18	13.157	12.301	11.445
G 3/8	19	1.3368	0.856	0.18	16.662	15.806	14.950
G 1/2	14	1.8143	1.162	0.25	20.955	19.793	18.631
G 5/8	14	1.8143	1.162	0.25	22.911	21.749	20.587
G 3/4	14	1.8143	1.162	0.25	26.441	25.279	24.117
G 7/8	14	1.8143	1.162	0.25	30.201	29.039	27.877
G 1	11	2.3091	1.479	0.32	33.249	31.770	30.291
G 1 1/8	11	2.3091	1.479	0.32	37.897	36.418	34.939
G 1 1/4	11	2.3091	1.479	0.32	41.910	40.431	38.952
G 1 1/2	11	2.3091	1.479	0.32	47.803	46.324	44.845
G 1 3/4	11	2.3091	1.479	0.32	53.746	52.267	50.788
G 2	11	2.3091	1.479	0.32	59.614	58.135	56.656
G 2 1/4	11	2.3091	1.479	0.32	65.710	64.231	62.752
G 2 1/2	11	2.3091	1.479	0.32	75.184	73.705	72.226
G 2 3/4	11	2.3091	1.479	0.32	81.534	80.055	78.576

注）表中の管用平行ねじを表す記号Gは，必要に応じ省略してもよい。

表10−7 管用テーパねじ① (JIS B 0203：1999)

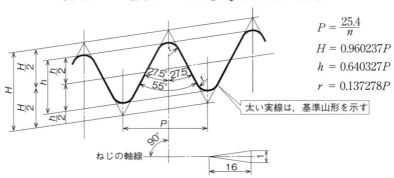

$P = \dfrac{25.4}{n}$
$H = 0.960237P$
$h = 0.640327P$
$r = 0.137278P$

(a) テーパおねじ及びテーパめねじに対して適用する基準山形

表10－7 管用テーパねじ② (JIS B 0203：1999)

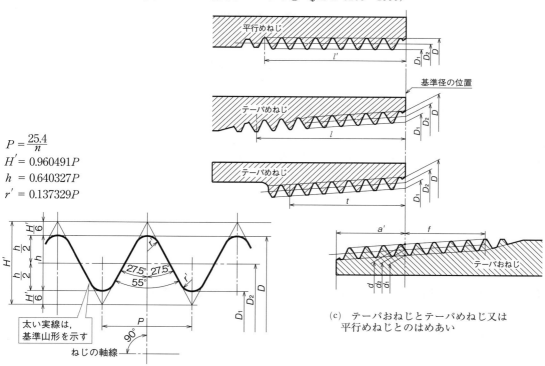

$P = \dfrac{25.4}{n}$
$H' = 0.960491P$
$h = 0.640327P$
$r' = 0.137329P$

(b) 平行めねじに対して適用する基準山形

(c) テーパおねじとテーパめねじ又は平行めねじとのはめあい

[単位：mm]

ねじの呼び[1]	ねじ山 ねじ山数(25.4mmにつき) n	ピッチ P (参考)	山の高さ h	丸み r 又は r'	基準径 おねじ 外径 d / めねじ 谷の径 D	有効径 d_2 / 有効径 D_2	谷の径 d_1 / 内径 D_1	基準径の位置 おねじ 管端から 基準の長さ a	軸線方向の許容差 $\pm b$	めねじ 管端部 軸線方向の許容差 $\pm c$	平行めねじの D, D_2 及び D_1 の許容差 $\pm$	有効ねじ部の長さ(最小) おねじ 基準径の位置から大径側に向かって f	不完全ねじ部がある場合 テーパめねじ 基準径の位置から小径側に向かって l	めねじ 平行めねじ 管又は管継手端から l' (参考)	不完全ねじ部がない場合 テーパめねじ、平行めねじ 基準径又は管・管継手端から t
R 1/16	28	0.9071	0.581	0.12	7.723	7.142	6.561	3.97	0.91	1.13	0.071	2.5	6.2	7.4	4.4
R 1/8	28	0.9071	0.581	0.12	9.728	9.147	8.566	3.97	0.91	1.13	0.071	2.5	6.2	7.4	4.4
R 1/4	19	1.3368	0.856	0.18	13.157	12.301	11.445	6.01	1.34	1.67	0.104	3.7	9.4	11.0	6.7
R 3/8	19	1.3368	0.856	0.18	16.662	15.806	14.950	6.35	1.34	1.67	0.104	3.7	9.7	11.4	7.0
R 1/2	14	1.8143	1.162	0.25	20.955	19.793	18.631	8.16	1.81	2.27	0.142	5.0	12.7	15.0	9.1
R 3/4	14	1.8143	1.162	0.25	26.441	25.279	24.117	9.53	1.81	2.27	0.142	5.0	14.1	16.3	10.2
R 1	11	2.3091	1.479	0.32	33.249	31.770	30.291	10.39	2.31	2.89	0.181	6.4	16.2	19.1	11.6
R 1 1/4	11	2.3091	1.479	0.32	41.910	40.431	38.952	12.70	2.31	2.89	0.181	6.4	18.5	21.4	13.4
R 1 1/2	11	2.3091	1.479	0.32	47.803	46.324	44.845	12.70	2.31	2.89	0.181	6.4	18.5	21.4	13.4
R 2	11	2.3091	1.479	0.32	59.614	58.135	56.656	15.88	2.31	2.89	0.181	7.5	22.8	25.7	16.9
R 2 1/2	11	2.3091	1.479	0.32	75.184	73.705	72.226	17.46	3.46	3.46	0.216	9.2	26.7	30.1	18.6
R 3	11	2.3091	1.479	0.32	87.884	86.405	84.926	20.64	3.46	3.46	0.216	9.2	29.8	33.3	21.1
R 4	11	2.3091	1.479	0.32	113.030	111.551	110.072	25.40	3.46	3.46	0.216	10.4	35.8	39.3	25.9
R 5	11	2.3091	1.479	0.32	138.430	136.951	135.472	28.58	3.46	3.46	0.216	11.5	40.1	43.5	29.3
R 6	11	2.3091	1.479	0.32	163.830	162.351	160.872	28.58	3.46	3.46	0.216	11.5	40.1	43.5	29.3

注[1] この呼びは，テーパおねじに対するもので，テーパめねじ及び平行めねじの場合は，Rの記号をRc又はRpとする。
注1) ねじ山は中心線に直角とし，ピッチは中心軸線にそって測る。
 2) 有効ねじ部の長さとは，完全なねじ山が切られたねじ部の長さで，最後の数山だけは，その頂に管又は管継手の面が残っていてもよい。又，管又は管継手の末端に面取りがしてあっても，この部分を有効ねじ部の長さに含める。
 3) a，f又はtがこの表の数値によりがたい場合は，別に定める部品の規格による。

第 10 章　ねじ製図

第 10 章　章末問題

次の文章において，空欄の各項目に用語又は数値を記入せよ。

[1]　一般用メートルねじのねじの種類を表す記号は，（　　　　　）で表す。

[2]　一般用メートルねじは，（　　a　　）ねじと（　　b　　）ねじの 2 種類がある。

[3]　M8 の「8」は，（　　　　　）を表す数字である。

[4]　M10 × 1 の「1」は，ねじの（　　　　　）を表す。

[5]　ねじ山の巻き方向は，左ねじの場合には（　　　　　）の文字で表す。

[6]　一条ねじでピッチが 2 とすると，リードは（　　　　　）である。

[7]　メートル台形ねじのねじの種類を表す記号は，（　　　　　）で表す。

[8]　R1/4 の R は，（　　　　　）ねじのことである。

[9]　おねじを外側から見た図で，外形は（　　a　　）線で，谷の径は（　　b　　）線で表す。

[10]　小ねじの図示法で，直径（　　　　　）mm 以下は，ねじの表示を簡略してもよい。

— 242 —

巻末資料

付表1 穴の許容差 (JIS B 0401 − 2：2016) ①

[単位：μm]

図示サイズの区分[mm] を超え	以下	B10	C9	C10	D8	D9	D10	E7	E8	E9	F6	F7	F8	G6	G7	H6	H7
−	3	+180/+140	+85/+60	+100/+60	+34/+20	+45/+20	+60/+20	+24/+14	+28/+14	+39/+14	+12/+6	+16/+6	+20/+6	+8/+2	+12/+2	+6/0	+10/0
3	6	+188/+140	+100/+70	+118/+70	+48/+30	+60/+30	+78/+30	+32/+20	+38/+20	+50/+20	+18/+10	+22/+10	+28/+10	+12/+4	+16/+4	+8/0	+12/0
6	10	+208/+150	+116/+80	+138/+80	+62/+40	+76/+40	+98/+40	+40/+25	+47/+25	+61/+25	+22/+13	+28/+13	+35/+13	+14/+5	+20/+5	+9/0	+15/0
10	18	+220/+150	+138/+95	+165/+95	+77/+50	+93/+50	+120/+50	+50/+32	+59/+32	+75/+32	+27/+16	+34/+16	+43/+16	+17/+6	+24/+6	+11/0	+18/0
18	30	+244/+160	+162/+110	+194/+110	+98/+65	+117/+65	+149/+65	+61/+40	+73/+40	+92/+40	+33/+20	+41/+20	+53/+20	+20/+7	+28/+7	+13/0	+21/0
30	40	+270/+170	+182/+120	+220/+120	+119/+80	+142/+80	+180/+80	+75/+50	+89/+50	+112/+50	+41/+25	+50/+25	+64/+25	+25/+9	+34/+9	+16/0	+25/0
40	50	+280/+180	+192/+130	+230/+130													
50	65	+310/+190	+214/+140	+260/+140	+146/+100	+174/+100	+220/+100	+90/+60	+106/+60	+134/+60	+49/+30	+60/+30	+76/+30	+29/+10	+40/+10	+19/0	+30/0
65	80	+320/+200	+224/+150	+270/+150													
80	100	+360/+220	+257/+170	+310/+170	+174/+120	+207/+120	+260/+120	+107/+72	+126/+72	+159/+72	+58/+36	+71/+36	+90/+36	+34/+12	+47/+12	+22/0	+35/0
100	120	+380/+240	+267/+180	+320/+180													
120	140	+420/+260	+300/+200	+360/+200	+208/+145	+245/+145	+305/+145	+125/+85	+148/+85	+185/+85	+68/+43	+83/+43	+106/+43	+39/+14	+54/+14	+25/0	+40/0
140	160	+440/+280	+310/+210	+370/+210													
160	180	+470/+310	+330/+230	+390/+230													
180	200	+525/+340	+355/+240	+425/+240	+242/+170	+285/+170	+355/+170	+146/+100	+172/+100	+215/+100	+79/+50	+96/+50	+122/+50	+44/+15	+61/+15	+29/0	+46/0
200	225	+565/+380	+375/+260	+445/+260													
225	250	+605/+420	+395/+280	+465/+280													
250	280	+690/+480	+430/+300	+510/+300	+271/+190	+320/+190	+400/+190	+162/+110	+191/+110	+240/+110	+88/+56	+108/+56	+137/+56	+49/+17	+69/+17	+32/0	+52/0
280	315	+750/+540	+460/+330	+540/+330													
315	355	+830/+600	+500/+360	+590/+360	+299/+210	+350/+210	+440/+210	+182/+125	+214/+125	+265/+125	+98/+62	+119/+62	+151/+62	+54/+18	+75/+18	+36/0	+57/0
355	400	+910/+680	+540/+400	+630/+400													
400	450	+1010/+760	+595/+440	+690/+440	+327/+230	+385/+230	+480/+230	+198/+135	+232/+135	+290/+135	+108/+68	+131/+68	+165/+68	+60/+20	+83/+20	+40/0	+63/0
450	500	+1090/+840	+635/+480	+730/+480													

注）表中の各段で，上側の数値は上の許容差，下側の数値は下の許容差を示す。

付表2　穴の許容差（JIS B 0401 － 2：2016）②

[単位：μm]

図示サイズの区分[mm] を超え	以下	穴の公差クラス																	
		H8	H9	H10	JS6	JS7	K6	K7	M6	M7	N6	N7	P6	P7	R7	S7	T7	U7	X7
－	3	+14 / 0	+25 / 0	+40 / 0	±3	±5	0 / -6	0 / -10	-2 / -8	-2 / -12	-4 / -10	-4 / -14	-6 / -12	-6 / -16	-10 / -20	-14 / -24	－	-18 / -28	-20 / -30
3	6	+18 / 0	+30 / 0	+48 / 0	±4	±6	+2 / -6	+3 / -9	-1 / -9	0 / -12	-5 / -13	-4 / -16	-9 / -17	-8 / -20	-11 / -23	-15 / -27	－	-19 / -31	-24 / -36
6	10	+22 / 0	+36 / 0	+58 / 0	±4.5	±7.5	+2 / -7	+5 / -10	-3 / -12	0 / -15	-7 / -16	-4 / -19	-12 / -21	-9 / -24	-13 / -28	-17 / -32	－	-22 / -37	-28 / -43
10	14	+27 / 0	+43 / 0	+70 / 0	±5.5	±9	+2 / -9	+6 / -12	-4 / -15	0 / -18	-9 / -20	-5 / -23	-15 / -26	-11 / -29	-16 / -34	-21 / -39	－	-26 / -44	-33 / -51
14	18	+27 / 0	+43 / 0	+70 / 0	±5.5	±9	+2 / -9	+6 / -12	-4 / -15	0 / -18	-9 / -20	-5 / -23	-15 / -26	-11 / -29	-16 / -34	-21 / -39	－	-26 / -44	-38 / -56
18	24	+33 / 0	+52 / 0	+84 / 0	±6.5	±10.5	+2 / -11	+6 / -15	-4 / -17	0 / -21	-11 / -24	-7 / -28	-18 / -31	-14 / -35	-20 / -41	-27 / -48	－	-33 / -54	-46 / -67
24	30	+33 / 0	+52 / 0	+84 / 0	±6.5	±10.5	+2 / -11	+6 / -15	-4 / -17	0 / -21	-11 / -24	-7 / -28	-18 / -31	-14 / -35	-20 / -41	-27 / -48	-33 / -54	-40 / -61	-56 / -77
30	40	+39 / 0	+62 / 0	+100 / 0	±8	±12.5	+3 / -13	+7 / -18	-4 / -20	0 / -25	-12 / -28	-8 / -33	-21 / -37	-17 / -42	-25 / -50	-34 / -59	-39 / -64	-51 / -76	-71 / -96
40	50	+39 / 0	+62 / 0	+100 / 0	±8	±12.5	+3 / -13	+7 / -18	-4 / -20	0 / -25	-12 / -28	-8 / -33	-21 / -37	-17 / -42	-25 / -50	-34 / -59	-45 / -70	-61 / -86	-88 / -113
50	65	+46 / 0	+74 / 0	+120 / 0	±9.5	±15	+4 / -15	+9 / -21	-5 / -24	0 / -30	-14 / -33	-9 / -39	-26 / -45	-21 / -51	-30 / -60	-42 / -72	-55 / -85	-76 / -106	-111 / -141
65	80	+46 / 0	+74 / 0	+120 / 0	±9.5	±15	+4 / -15	+9 / -21	-5 / -24	0 / -30	-14 / -33	-9 / -39	-26 / -45	-21 / -51	-32 / -62	-48 / -78	-64 / -94	-91 / -121	-135 / -165
80	100	+54 / 0	+87 / 0	+140 / 0	±11	±17.5	+4 / -18	+10 / -25	-6 / -28	0 / -35	-16 / -38	-10 / -45	-30 / -52	-24 / -59	-38 / -73	-58 / -93	-78 / -113	-111 / -146	-165 / -200
100	120	+54 / 0	+87 / 0	+140 / 0	±11	±17.5	+4 / -18	+10 / -25	-6 / -28	0 / -35	-16 / -38	-10 / -45	-30 / -52	-24 / -59	-41 / -76	-66 / -101	-91 / -126	-131 / -166	-197 / -232
120	140	+63 / 0	+100 / 0	+160 / 0	±12.5	±20	+4 / -21	+12 / -28	-8 / -33	0 / -40	-20 / -45	-12 / -52	-36 / -61	-28 / -68	-48 / -88	-77 / -117	-107 / -147	-155 / -195	-233 / -273
140	160	+63 / 0	+100 / 0	+160 / 0	±12.5	±20	+4 / -21	+12 / -28	-8 / -33	0 / -40	-20 / -45	-12 / -52	-36 / -61	-28 / -68	-50 / -90	-85 / -125	-119 / -159	-175 / -215	-265 / -305
160	180	+63 / 0	+100 / 0	+160 / 0	±12.5	±20	+4 / -21	+12 / -28	-8 / -33	0 / -40	-20 / -45	-12 / -52	-36 / -61	-28 / -68	-53 / -93	-93 / -133	-131 / -171	-195 / -235	-295 / -335
180	200	+72 / 0	+115 / 0	+185 / 0	±14.5	±23	+5 / -24	+13 / -33	-8 / -37	0 / -46	-22 / -51	-14 / -60	-41 / -70	-33 / -79	-60 / -106	-105 / -151	-149 / -195	-219 / -265	-333 / -379
200	225	+72 / 0	+115 / 0	+185 / 0	±14.5	±23	+5 / -24	+13 / -33	-8 / -37	0 / -46	-22 / -51	-14 / -60	-41 / -70	-33 / -79	-63 / -109	-113 / -159	-163 / -209	-241 / -287	-368 / -414
225	250	+72 / 0	+115 / 0	+185 / 0	±14.5	±23	+5 / -24	+13 / -33	-8 / -37	0 / -46	-22 / -51	-14 / -60	-41 / -70	-33 / -79	-67 / -113	-123 / -169	-179 / -225	-267 / -313	-408 / -454
250	280	+81 / 0	+130 / 0	+210 / 0	±16	±26	+5 / -27	+16 / -36	-9 / -41	0 / -52	-25 / -57	-14 / -66	-47 / -79	-36 / -88	-74 / -126	-138 / -190	-198 / -250	-295 / -343	-455 / -507
280	315	+81 / 0	+130 / 0	+210 / 0	±16	±26	+5 / -27	+16 / -36	-9 / -41	0 / -52	-25 / -57	-14 / -66	-47 / -79	-36 / -88	-78 / -130	-150 / -202	-220 / -272	-330 / -382	-505 / -557
315	355	+89 / 0	+140 / 0	+230 / 0	±18	±28.5	+7 / -29	+17 / -40	-10 / -46	0 / -57	-26 / -62	-16 / -73	-51 / -87	-41 / -98	-87 / -144	-169 / -226	-247 / -304	-369 / -426	-569 / -626
355	400	+89 / 0	+140 / 0	+230 / 0	±18	±28.5	+7 / -29	+17 / -40	-10 / -46	0 / -57	-26 / -62	-16 / -73	-51 / -87	-41 / -98	-93 / -150	-187 / -244	-273 / -330	-414 / -471	-639 / -696
400	450	+97 / 0	+155 / 0	+250 / 0	±20	±31.5	+8 / -32	+18 / -45	-10 / -50	0 / -63	-27 / -67	-17 / -80	-55 / -95	-45 / -108	-103 / -166	-209 / -272	-307 / -370	-467 / -530	-717 / -780
450	500	+97 / 0	+155 / 0	+250 / 0	±20	±31.5	+8 / -32	+18 / -45	-10 / -50	0 / -63	-27 / -67	-17 / -80	-55 / -95	-45 / -108	-109 / -172	-229 / -292	-337 / -400	-517 / -580	-797 / -860

注）表中の各段で，上側の数値は上の許容差，下側の数値は下の許容差を示す。

付表3　軸の許容差（JIS B 0401 − 2：2016）①

[単位：μm]

図示サイズの区分[mm] を超え	以下	b9	c9	d8	d9	e7	e8	e9	f6	f7	f8	g5	g6	h5	h6	h7
−	3	−140 / −165	−60 / −85	−20 / −34	−20 / −45	−14 / −24	−14 / −28	−14 / −39	−6 / −12	−6 / −16	−6 / −20	−2 / −6	−2 / −8	0 / −4	0 / −6	0 / −10
3	6	−140 / −170	−70 / −100	−30 / −48	−30 / −60	−20 / −32	−20 / −38	−20 / −50	−10 / −18	−10 / −22	−10 / −28	−4 / −9	−4 / −12	0 / −5	0 / −8	0 / −12
6	10	−150 / −186	−80 / −116	−40 / −62	−40 / −76	−25 / −40	−25 / −47	−25 / −61	−13 / −22	−13 / −28	−13 / −35	−5 / −11	−5 / −14	0 / −6	0 / −9	0 / −15
10	18	−150 / −193	−95 / −138	−50 / −77	−50 / −93	−32 / −50	−32 / −59	−32 / −75	−16 / −27	−16 / −34	−16 / −43	−6 / −14	−6 / −17	0 / −8	0 / −11	0 / −18
18	30	−160 / −212	−110 / −162	−65 / −98	−65 / −117	−40 / −61	−40 / −73	−40 / −92	−20 / −33	−20 / −41	−20 / −53	−7 / −16	−7 / −20	0 / −9	0 / −13	0 / −21
30	40	−170 / −232	−120 / −182	−80 / −119	−80 / −142	−50 / −75	−50 / −89	−50 / −112	−25 / −41	−25 / −50	−25 / −64	−9 / −20	−9 / −25	0 / −11	0 / −16	0 / −25
40	50	−180 / −242	−130 / −192													
50	65	−190 / −264	−140 / −214	−100 / −146	−100 / −174	−60 / −90	−60 / −106	−60 / −134	−30 / −49	−30 / −60	−30 / −76	−10 / −23	−10 / −29	0 / −13	0 / −19	0 / −30
65	80	−200 / −274	−150 / −224													
80	100	−220 / −307	−170 / −257	−120 / −174	−120 / −207	−72 / −107	−72 / −126	−72 / −159	−36 / −58	−36 / −71	−36 / −90	−12 / −27	−12 / −34	0 / −15	0 / −22	0 / −35
100	120	−240 / −327	−180 / −267													
120	140	−260 / −360	−200 / −300	−145 / −208	−145 / −245	−85 / −125	−85 / −148	−85 / −185	−43 / −68	−43 / −83	−43 / −106	−14 / −32	−14 / −39	0 / −18	0 / −25	0 / −40
140	160	−280 / −380	−210 / −310													
160	180	−310 / −410	−230 / −330													
180	200	−340 / −455	−240 / −355	−170 / −242	−170 / −285	−100 / −146	−100 / −172	−100 / −215	−50 / −79	−50 / −96	−50 / −122	−15 / −35	−15 / −44	0 / −20	0 / −29	0 / −46
200	225	−388 / −495	−260 / −375													
225	250	−420 / −535	−280 / −395													
250	280	−480 / −610	−300 / −430	−190 / −271	−190 / −320	−110 / −162	−110 / −191	−110 / −240	−56 / −88	−56 / −108	−56 / −137	−17 / −40	−17 / −49	0 / −23	0 / −32	0 / −52
280	315	−540 / −670	−330 / −460													
315	355	−600 / −740	−360 / −500	−210 / −299	−210 / −350	−125 / −182	−125 / −214	−125 / −265	−62 / −98	−62 / −119	−62 / −151	−18 / −43	−18 / −54	0 / −25	0 / −36	0 / −57
355	400	−680 / −820	−400 / −540													
400	450	−760 / −915	−440 / −595	−230 / −327	−230 / −385	−135 / −198	−135 / −232	−135 / −290	−68 / −108	−68 / −131	−68 / −165	−20 / −47	−20 / −60	0 / −27	0 / −40	0 / −63
450	500	−840 / −995	−480 / −635													

注）表中の各段で，上側の数値は上の許容差，下側の数値は下の許容差を示す。

付表4　軸の許容差（JIS B 0401 - 2：2016）②

［単位：μm］

図示サイズの区分[mm] を超え	以下	軸の公差クラス h8	h9	js5	js6	js7	k5	k6	m5	m6	n6	p6	r6	s6	t6	u6	x6
−	3	0 / −14	0 / −25	±2	±3	±5	+4 / 0	+6 / 0	+6 / +2	+8 / +2	+10 / +4	+12 / +6	+16 / +10	+20 / +14	−	+24 / +18	+26 / +20
3	6	0 / −18	0 / −30	±2.5	±4	±6	+6 / +1	+9 / +1	+9 / +4	+12 / +4	+16 / +8	+20 / +12	+23 / +15	+27 / +19	−	+31 / +23	+36 / +28
6	10	0 / −22	0 / −36	±3	±4.5	±7.5	+7 / +1	+10 / +1	+12 / +6	+15 / +6	+19 / +10	+24 / +15	+28 / +19	+32 / +23	−	+37 / +28	+43 / +34
10	14	0 / −27	0 / −43	±4	±5.5	±9	+9 / +1	+12 / +1	+15 / +7	+18 / +7	+23 / +12	+29 / +18	+34 / +23	+39 / +28	−	+44 / +33	+51 / +40
14	18	0 / −27	0 / −43	±4	±5.5	±9	+9 / +1	+12 / +1	+15 / +7	+18 / +7	+23 / +12	+29 / +18	+34 / +23	+39 / +28	−	+44 / +33	+56 / +45
18	24	0 / −33	0 / −52	±4.5	±6.5	±10.5	+11 / +2	+15 / +2	+17 / +8	+21 / +8	+28 / +15	+35 / +22	+41 / +28	+48 / +35	−	+54 / +41	+67 / +54
24	30	0 / −33	0 / −52	±4.5	±6.5	±10.5	+11 / +2	+15 / +2	+17 / +8	+21 / +8	+28 / +15	+35 / +22	+41 / +28	+48 / +35	+54 / +41	+61 / +48	+77 / +64
30	40	0 / −39	0 / −62	±5.5	±8	±12.5	+13 / +2	+18 / +2	+20 / +9	+25 / +9	+33 / +17	+42 / +26	+50 / +34	+59 / +43	+64 / +48	+76 / +60	+96 / +80
40	50	0 / −39	0 / −62	±5.5	±8	±12.5	+13 / +2	+18 / +2	+20 / +9	+25 / +9	+33 / +17	+42 / +26	+50 / +34	+59 / +43	+70 / +54	+86 / +70	+113 / +97
50	65	0 / −46	0 / −74	±6.5	±9.5	±15	+15 / +2	+21 / +2	+24 / +11	+30 / +11	+39 / +20	+51 / +32	+60 / +41	+72 / +53	+85 / +66	+106 / +87	+141 / +122
65	80	0 / −46	0 / −74	±6.5	±9.5	±15	+15 / +2	+21 / +2	+24 / +11	+30 / +11	+39 / +20	+51 / +32	+62 / +43	+78 / +59	+94 / +75	+121 / +102	+165 / +146
80	100	0 / −54	0 / −87	±7.5	±11	±17.5	+18 / +3	+25 / +3	+28 / +13	+35 / +13	+45 / +23	+59 / +37	+73 / +51	+93 / +71	+113 / +91	+146 / +124	+200 / +178
100	120	0 / −54	0 / −87	±7.5	±11	±17.5	+18 / +3	+25 / +3	+28 / +13	+35 / +13	+45 / +23	+59 / +37	+76 / +54	+101 / +79	+126 / +104	+166 / +144	+232 / +210
120	140	0 / −63	0 / −100	±9	±12.5	±20	+21 / +3	+28 / +3	+33 / +15	+40 / +15	+52 / +27	+68 / +43	+88 / +63	+117 / +92	+147 / +122	+195 / +170	+273 / +248
140	160	0 / −63	0 / −100	±9	±12.5	±20	+21 / +3	+28 / +3	+33 / +15	+40 / +15	+52 / +27	+68 / +43	+90 / +65	+125 / +100	+159 / +134	+215 / +190	+305 / +280
160	180	0 / −63	0 / −100	±9	±12.5	±20	+21 / +3	+28 / +3	+33 / +15	+40 / +15	+52 / +27	+68 / +43	+93 / +68	+133 / +108	+171 / +146	+235 / +210	+335 / +310
180	200	0 / −72	0 / −115	±10	±14.5	±23	+24 / +4	+33 / +4	+37 / +17	+46 / +17	+60 / +31	+79 / +50	+106 / +77	+151 / +122	+195 / +166	+265 / +236	+379 / +350
200	225	0 / −72	0 / −115	±10	±14.5	±23	+24 / +4	+33 / +4	+37 / +17	+46 / +17	+60 / +31	+79 / +50	+109 / +80	+159 / +130	+209 / +180	+287 / +258	+414 / +385
225	250	0 / −72	0 / −115	±10	±14.5	±23	+24 / +4	+33 / +4	+37 / +17	+46 / +17	+60 / +31	+79 / +50	+113 / +84	+169 / +140	+225 / +196	+313 / +284	+454 / +425
250	280	0 / −81	0 / −130	±11.5	±16	±26	+27 / +4	+36 / +4	+43 / +20	+52 / +20	+66 / +34	+88 / +56	+126 / +94	+190 / +158	+250 / +218	+347 / +315	+507 / +475
280	315	0 / −81	0 / −130	±11.5	±16	±26	+27 / +4	+36 / +4	+43 / +20	+52 / +20	+66 / +34	+88 / +56	+130 / +98	+202 / +170	+272 / +240	+382 / +350	+557 / +525
315	355	0 / −89	0 / −140	±12.5	±18	±28.5	+29 / +4	+40 / +4	+46 / +21	+57 / +21	+73 / +37	+98 / +62	+144 / +108	+226 / +190	+304 / +268	+426 / +390	+626 / +590
355	400	0 / −89	0 / −140	±12.5	±18	±28.5	+29 / +4	+40 / +4	+46 / +21	+57 / +21	+73 / +37	+98 / +62	+150 / +114	+244 / +208	+330 / +294	+471 / +435	+696 / +660
400	450	0 / −97	0 / −155	±13.5	±20	±31.5	+32 / +5	+45 / +5	+50 / +23	+63 / +23	+80 / +40	+108 / +68	+166 / +126	+272 / +232	+370 / +330	+530 / +490	+780 / +740
450	500	0 / −97	0 / −155	±13.5	±20	±31.5	+32 / +5	+45 / +5	+50 / +23	+63 / +23	+80 / +40	+108 / +68	+172 / +132	+292 / +252	+400 / +360	+580 / +540	+860 / +820

注）表中の各段で，上側の数値は上の許容差，下側の数値は下の許容差を示す。

巻末資料

付表5　金属材料記号（JIS G，Hの主要なもの）①

名　称	種　別	記　号	引張強さ[N/mm²]など	規格番号
一般構造用圧延鋼材		SS330	330 ～ 430	JIS G 3101(2024)
		SS400	400 ～ 510	
		SS490	490 ～ 610	
		SS540	540 以上	
溶接構造用圧延鋼材		SM400A SM400B SM400C	400 ～ 510	JIS G 3106(2024)
		SM490A SM490B SM490C	490 ～ 610	
		SM490YA SM490YB	490 ～ 610	
		SM520B SM520C	520 ～ 640	
		SM570	570 ～ 720	
熱間圧延軟鋼版及び鋼帯		SPHC SPHD SPHE SPHF	270 以上	JIS G 3131(2024)
冷間圧延鋼板及び鋼帯		SPCC	－	JIS G 3141(2021)
		SPCD SPCE SPCF SPCG	270 以上	
機械構造用炭素鋼鋼材	炭素鋼	S10C ～ S75C	24 鋼種	JIS G 4051(2023)
	はだ焼鋼	S09CK ～ S20CK	3 鋼種	
焼入性を保証した構造用鋼鋼材（H鋼）		SMn420H SCM415H ほか	24 鋼種	JIS G 4052(2023)
機械構造用合金鋼鋼材	マンガン鋼	SMn420 ～ SMn443	4 鋼種	JIS G 4053(2023)
	マンガンクロム鋼	SMnC420 SMnC443	2 鋼種	
	クロム鋼	SCr415 ～ SCr445	6 鋼種	
	クロムモリブデン鋼	SCM415 ～ SCM822	11 鋼種	
	ニッケルクロム鋼	SNC236 ～ SNC836	5 鋼種	
	ニッケルクロムモリブデン鋼	SNCM220 ～ SNMC815	11 鋼種	
	アルミニウムクロムモリブデン鋼	SACM645	1 鋼種	
ステンレス鋼棒	オーステナイト系	SUS201 ほか	35 鋼種	JIS G 4303(2021)
	オーステナイト・フェライト系	SUS329J1 ほか	6 鋼種	
	フェライト系	SUS405 ほか	7 鋼種	
	マルテンサイト系	SUS403 ほか	14 鋼種	
	析出硬化系	SUS630 ほか	2 鋼種	
炭素工具鋼鋼材		SK140 ほか	11 鋼種	JIS G 4401(2022)

— 248 —

付表6 金属材料記号（JIS G, Hの主要なもの）②

名　称	種　別	記　号	引張強さ[N/mm²]など	規格番号
高速度工具鋼鋼材	タングステン系	SKH2 ほか	4鋼種	JIS G 4403 (2022)
	粉末冶金工程モリブデン系	SKH40	1鋼種	
	モリブデン系	SKH51 ほか	8鋼種	
合金工具鋼鋼材		SKS2 SKS51 ほか	6鋼種，主として切削工具用	JIS G 4404 (2022)
		SKS3, SKD1 ほか	8鋼種，主として冷間金型用	
		SKD4, SKT4 ほか	6鋼種，主として熱間金型用	
炭素鋼鍛鋼品		SF340A SF540B ほか	9鋼種	JIS G 3201 (2008)
ばね鋼鋼材	シリコンマンガン鋼	SUP6 SUP7	9鋼種	JIS G 4801 (2021)
	マンガンクロム鋼	SUP9 SUP9A		
	クロムバナジウム鋼	SUP10		
	マンガンクロムボロン鋼	SUP11A		
	シリコンクロム鋼	SUP12		
	クロムモリブデン鋼	SUP13		
	クロムバナジウムボロン鋼鋼材	SUP14		
炭素鋼鋳鋼品		SC360	360以上	JIS G 5101 (1991)
		SC410	410以上	
		SC450	450以上	
		SC480	480以上	
ねずみ鋳鉄品		FC100	100以上	JIS G 5501 (1995)
		FC150	150以上	
		FC200	200以上	
		FC250	250以上	
		FC300	300以上	
		FC350	350以上	
銅及び銅合金の板並びに条	無酸素銅	C1020	これらの記号の後に板にはP，条にはRの記号を付ける。	JIS H 3100 (2018)
	タフピッチ銅	C1100		
	りん脱酸銅	C1201 ほか		
	丹銅	C2100 ほか		
	黄銅	C2600 ほか		
	快削黄銅	C3710 ほか		
	ネーバル黄銅	C4621 ほか		
	アルミニウム青銅	C6140 ほか		
	白銅	C7060 ほか		
銅及び銅合金の棒	種別，記号は上記 JIS H 3100 と同じであり，これらの記号の後に押出棒にはBE，引抜棒にはBD，鍛造棒にはBFを付ける。			JIS H 3250 (2021)
圧延したアルミニウム及びアルミニウム合金の板，条，厚板，合せ板及び円板	純アルミニウム	A1080 ほか	これらの記号の後に板，条，円板にはP，（AP強度が低い）合わせ板にはPCの記号を付ける。	JIS H 4000 (2022)
	Al-Cu-Mg 系合金	A2014 ほか		
	Al-Mn 系合金	A3003 ほか		
	Al-Mg 系合金	A5005		
	Al-Mg-Si 系合金	A6061		
	Al-Zn-Mg 系合金	A7075		

巻末資料

付表7　金属材料記号（JIS G，Hの主要なもの）③

名　称	種　別	記　号	引張強さ [N/mm²] など	規格番号
銅及び銅合金	黄銅鋳物1種	CAC201	145 以上	JIS H 5120 (2016)
	黄銅鋳物2種	CAC202	195 以上	
	黄銅鋳物3種	CAC203	245 以上	
	高力黄銅鋳物1種	CAC301	430 以上	
	高力黄銅鋳物2種	CAC302	490 以上	
	高力黄銅鋳物3種	CAC303	635 以上	
	高力黄銅鋳物4種	CAC304	755 以上	
	青銅鋳物1〜7種	CAC401 〜 CAC411	7 材種	
	りん青銅鋳物2種 A	CAC502A	195 以上	
	りん青銅鋳物2種 B	CAC502B	295 以上	
	りん青銅鋳物3種 A	CAC503A	195 以上	
	りん青銅鋳物3種 B	CAC503B	265 以上	
	アルミニウム青銅鋳物1種	CAC701	440 以上	
	アルミニウム青銅鋳物2種	CAC702	490 以上	
	アルミニウム青銅鋳物3種	CAC703	590 以上	
	アルミニウム青銅鋳物4種	CAC704	590 以上	
	シルジン青銅鋳物1種	CAC801	345 以上	
	シルジン青銅鋳物2種	CAC802	440 以上	
	シルジン青銅鋳物3種	CAC803	390 以上	
	シルジン青銅鋳物4種	CAC804	300 以上	
アルミニウム 合金鋳物		AC1B 〜 AC9B	16 材種	JIS H 5202 (2010)
マグネシウム 合金鋳物		MC-AZ91C 〜 MC-EV31	19 材種	JIS H 5203 (2022)
亜鉛合金 ダイカスト	1種	ZDC1	325 以上	JIS H 5301 (2009)
	2種	ZDC2	285 以上	
アルミニウム 合金ダイカスト		ADC1 〜 AlMg9	20 材種	JIS H 5302 (2006)
ホワイトメタル	1〜10種	WJ1 〜 WJ10	11 材種	JIS H 5401 (1958)

付表8　ギリシャ文字一覧

大文字	小文字	読み方	大文字	小文字	読み方
A	α	アルファ	N	ν	ニュー
B	β	ベータ	Ξ	ξ	クシー
Γ	γ	ガンマ	O	o	オミクロン
Δ	δ	デルタ	Π	π	パイ
E	ε	エプシロン（イプシロン）	P	ρ	ロー
Z	ζ	ゼータ	Σ	σ	シグマ
H	η	イータ	T	τ	タウ
Θ	θ	シータ	Y	υ	ウプシロン
I	ι	イオタ	Φ	ϕ	ファイ
K	κ	カッパ	X	χ	カイ
Λ	λ	ラムダ	Ψ	ψ	プサイ
M	μ	ミュー	Ω	ω	オメガ

付図1

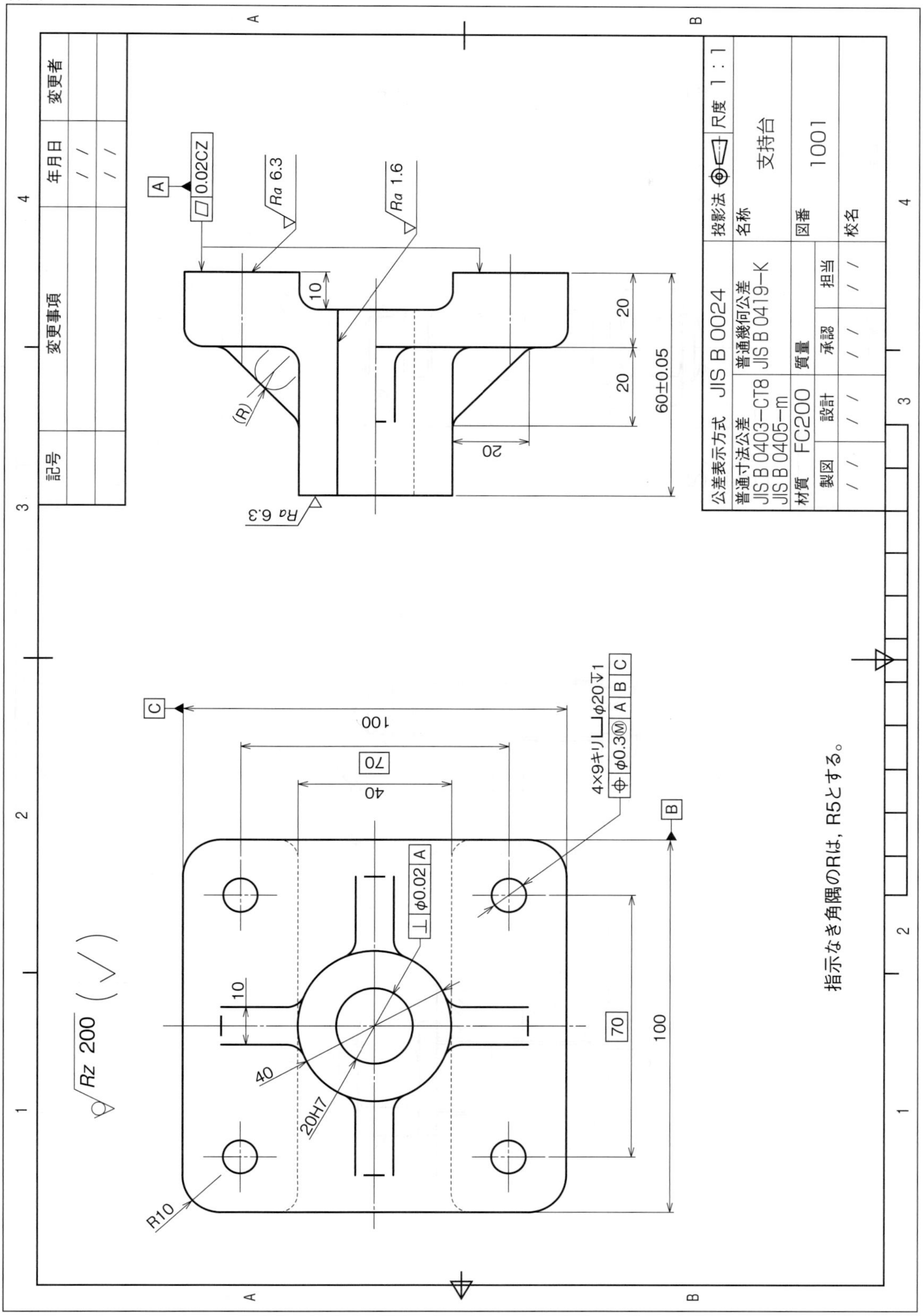

名称 支持台
図番 1001
尺度 1：1
投影法

公差表示方式 JIS B 0024
普通寸法公差 JIS B 0403−CT8
JIS B 0405−m
普通幾何公差 JIS B 0419−K
材質 FC200

□ 0.02CZ
Ⓐ
√Ra 6.3
√Ra 1.6
√Ra 6.3

(R)
10
20
20
20
60±0.05

√Rz 200 (√)

4×9キリ⌴φ20▽1
⌖ φ0.3Ⓜ A B C

100
70
40

⊥ φ0.02 A
Ⓑ
Ⓒ
70
100
10
40
20H7
R10
Ⓐ

指示なき角隅のRは、R5とする。

— 251 —

巻末資料

付図2

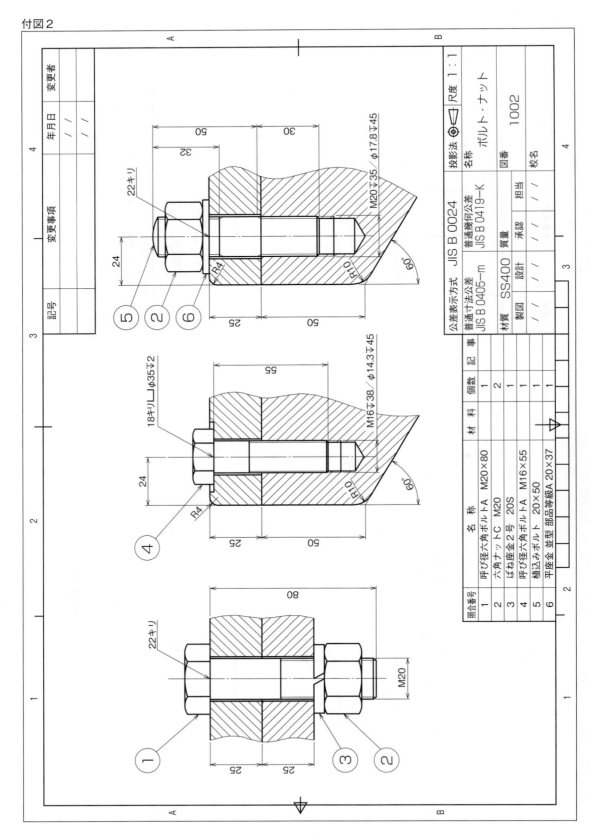

付図3

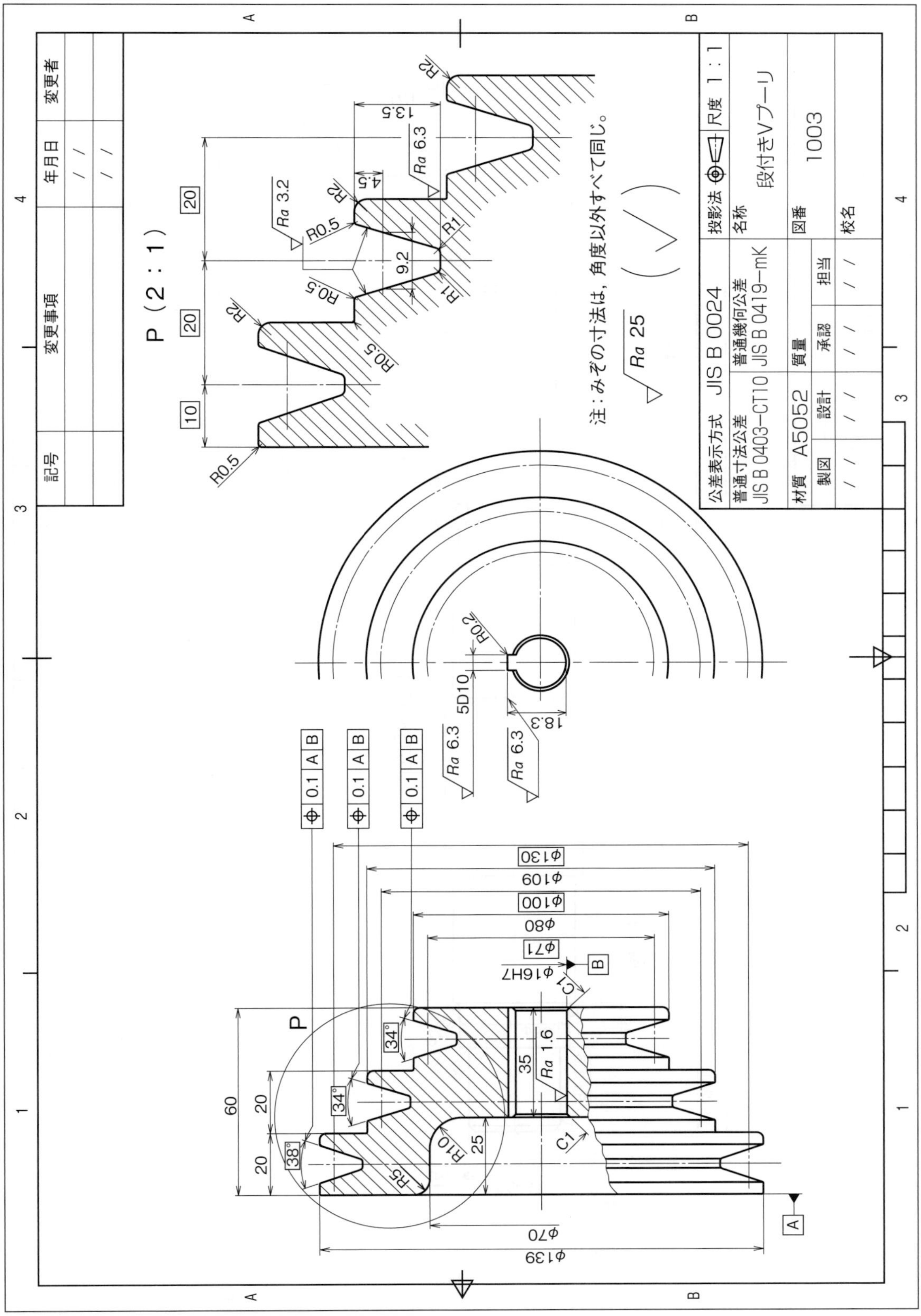

P（2：1）

注：みぞの寸法は，角度以外すべて同じ。

$\sqrt{Ra\ 25}$ $\left(\sqrt{}\right)$

13.5
20
4.5
Ra 3.2
R0.5
Ra 6.3
R1
9.2
R1
R0.5
R0.5
20
R0.5
10
R0.5

公差表示方式	JIS B 0024	投影法	⊕ ◁	尺度 1：1
普通寸法公差 JIS B 0403-CT10	普通幾何公差 JIS B 0419-mK	名称	段付きVプーリ	
材質 A5052		質量		図番 1003
	設計 / /	承認 / /	担当 / /	校名
	製図 / /			

変更者
年月日 / / / /
変更事項
記号

P

34°
34°
38°
60
20
20
φ16H7
φ71
35
Ra 1.6
C1
25
R10
R5
φ70
φ139
φ130
φ109
φ100
φ80
C1
B

⌖ 0.1 A B
⌖ 0.1 A B
⌖ 0.1 A B
Ra 6.3
5D10
R0.2
18.3
Ra 6.3

A

巻末資料

付図4

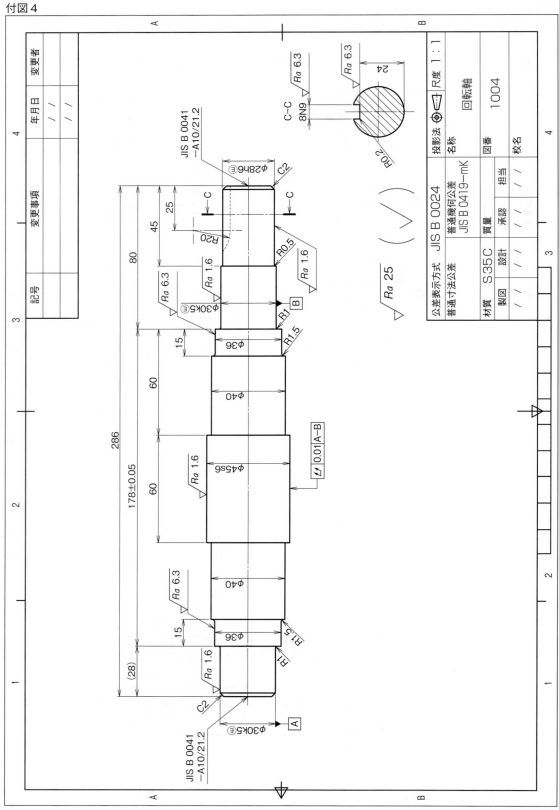

付図5

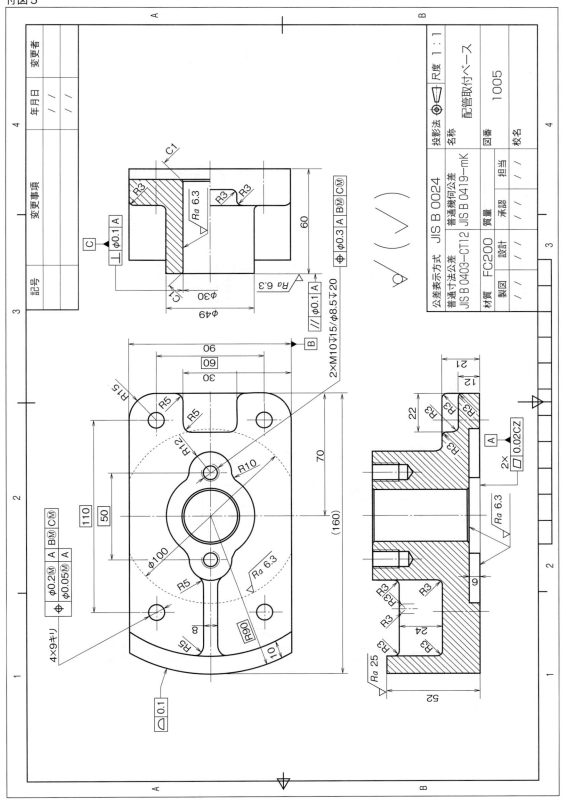

巻末資料

付図6

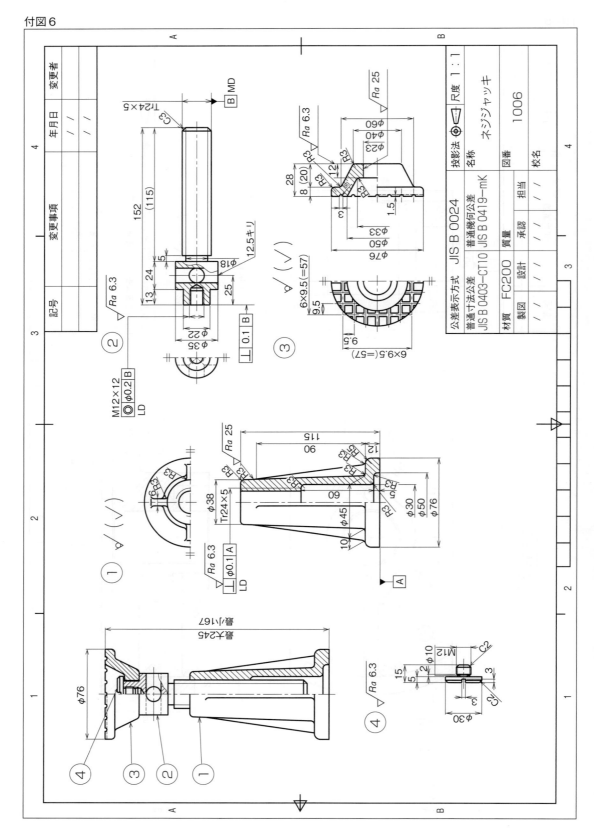

付図7

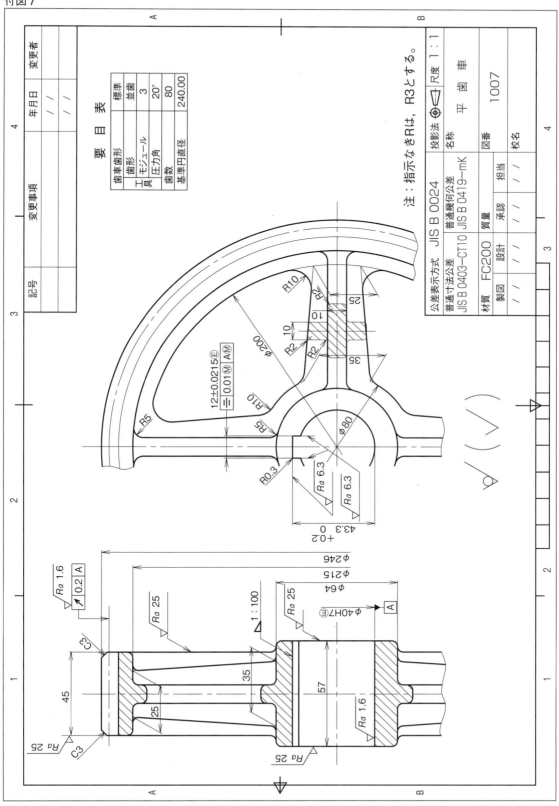

付図8

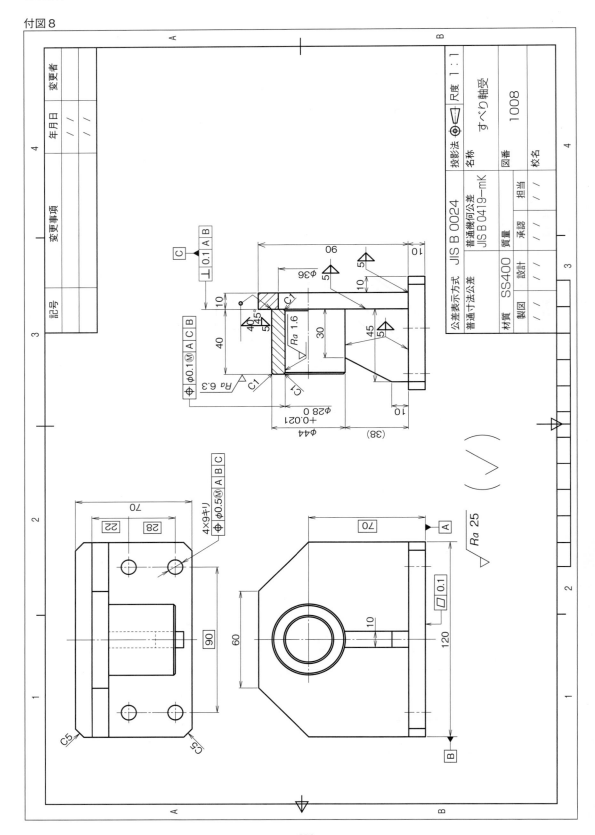

付図9

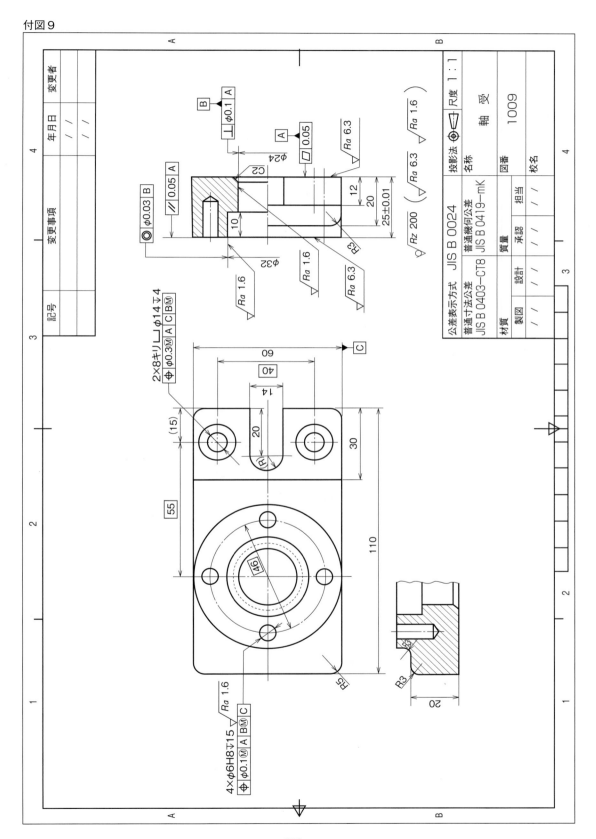

巻末資料

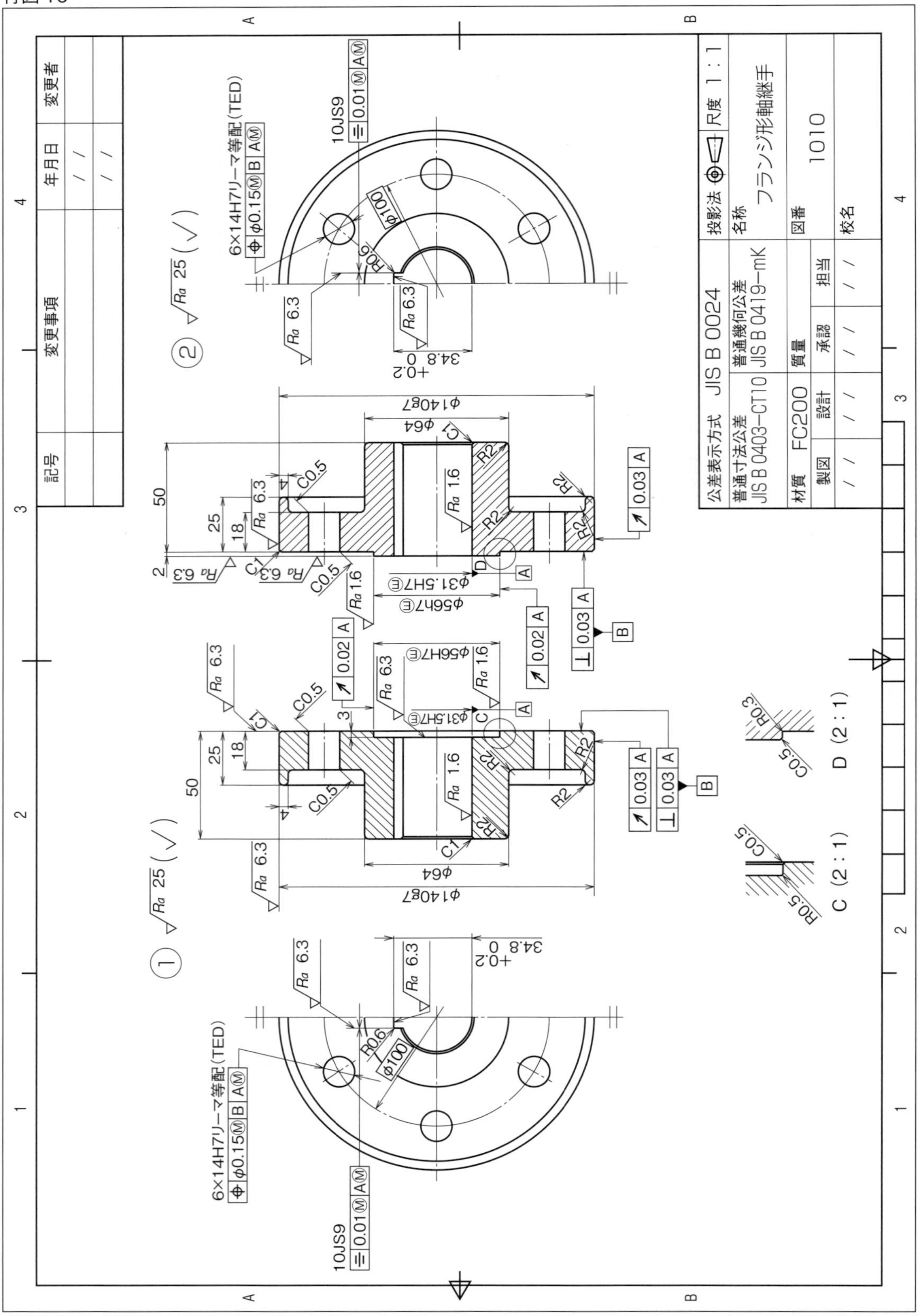

付図 10

第1章　章末問題（解答）

第1章　章末問題（解答）

［1］
「製図」とは，図面を作成する作業のことであり，「図面」とは，対象物を規則に従って図又は線図で表して描いた技術情報のことである。

［2］
① d，② b，③ a，④ e，⑤ c

［3］
① a：2.5，b：5，② 0.7，③ 2，④ a：0.25，b：0.5，⑤ 1

［4］
① d，② c，③ e，④ a，⑤ b

［5］
① 1，② 5，③ 2，④ 4，⑤ 6，⑥ 3

［6］，［7］
省略

［8］
① コ，② ク，③ ク，④ ア，⑤ ウ，⑥ カ，⑦ イ，⑧ エ，⑨ オ

— 261 —

第2章　章末問題（解答）

[1]

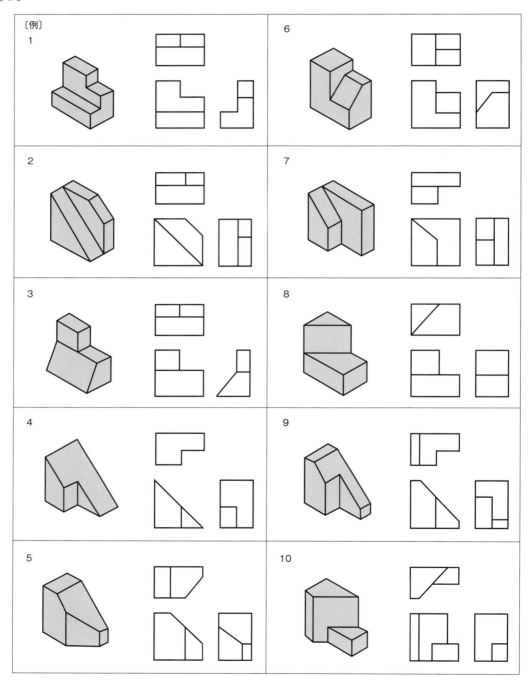

第3章　章末問題（解答）

[1]

a：√2,　b：A0,　c：A4,　d：A4,　e：0.5,　f：10,　g：20,　h：100,　i：10

j：A4,　k：現尺,　l：縮尺,　m：倍尺,　n：5,　o：1

[2]

①　輪郭線,　⑥　中心マーク,　⑦　表題欄

[3]

・対象物の形状・機能を最も明瞭に表す状態

・機能を表す場合は，対象物を使用する状態

・加工のための部品図の場合は，最も多い加工工程を基準として対象物を置いた状態

・特別な理由がない場合には，対象物を横長に置いた状態

[4]

a：横長（横向き），　b：補助投影図，　c：ハッチング，　d：上，　e：右，　f：細い実線,

g：対称図示記号，　h：相貫線，　i：中間，　j：破断線，　k：細い実線による対角線,

l：太い一点鎖線

[5]

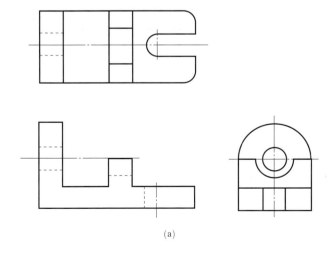

(a)

第3章 章末問題（解答）

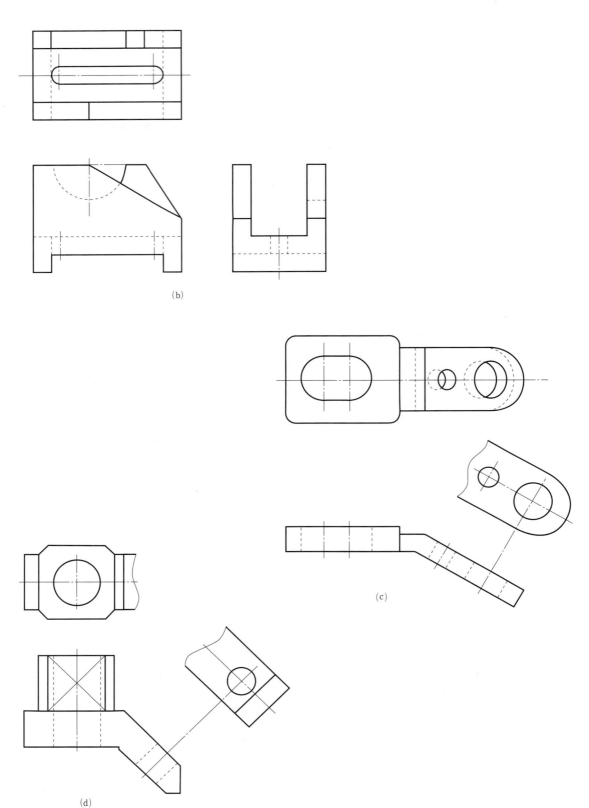

[6]

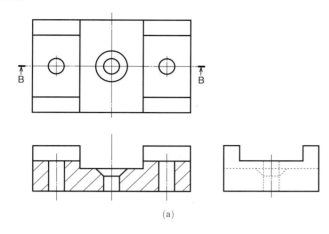

(a)

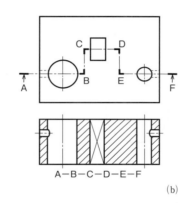

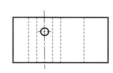

(b)

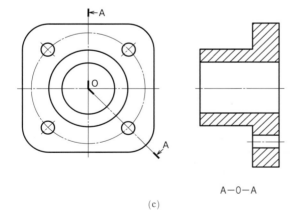

(c)

第3章　章末問題（解答）

[7]

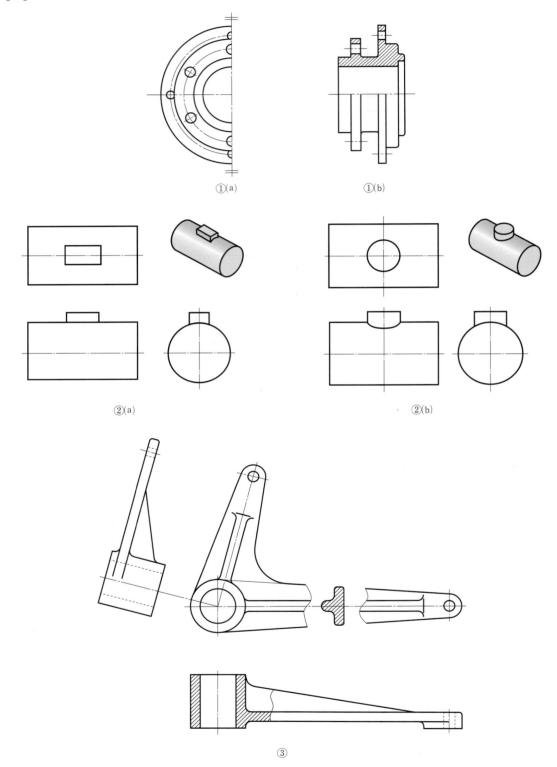

第4章　章末問題（解答）

[1]
　a：主投影図，　b：下辺及び右辺，　c：30°の開き矢，　d：何も付けない，　e：黒丸，
　f：度，　g：°，′，″　　h：直列寸法記入法，　　i：累進寸法記入法，　　j：180°，
　k：太い実線

[2]
　① 直径 30 mm，　② 厚さ 1.2 mm，　③ 球の直径 30 mm，　④ 半径 30 mm，
　⑤ 一辺が 2 mm の 45°面取り，　⑥ 一辺が 15 mm の正方形，　⑦ 参考寸法 30 mm，
　⑧ 6 個の φ10 リーマ穴，　⑨ 直径 8 mm の穴に φ14 の皿ざぐり穴，
　⑩ 直径 6 mm の穴に，φ14 の座ぐり穴深さ 6 mm

[3]

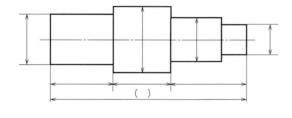

(a) 解答例

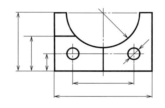

(b) 解答例

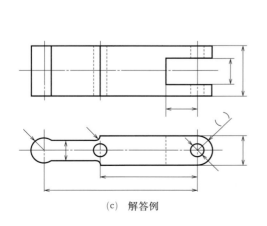

(c) 解答例

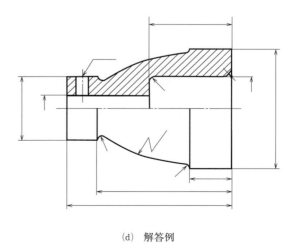

(d) 解答例

第 4 章　章末問題（解答）

[4]

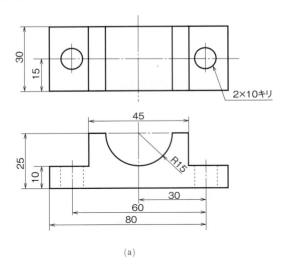

(a)

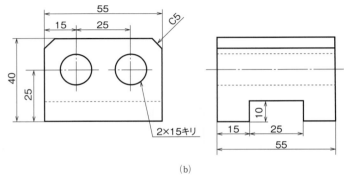

(b)

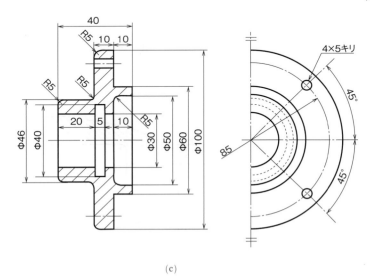

(c)

[5]

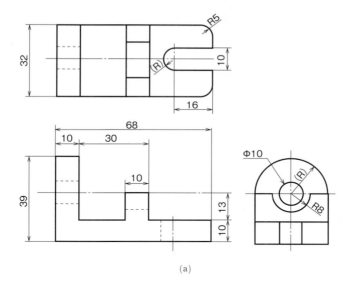

(a)

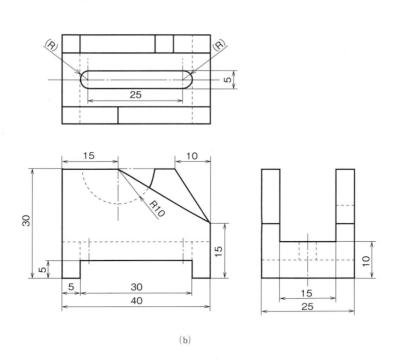

(b)

第4章 章末問題（解答）

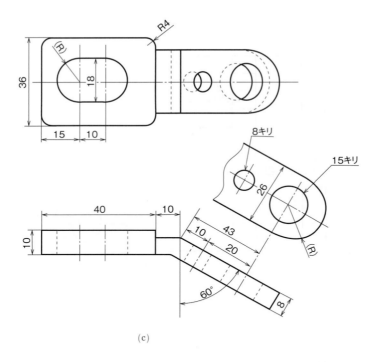

(c)

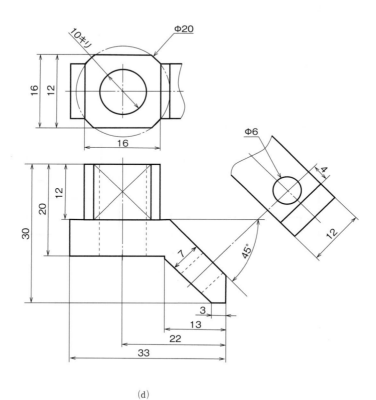

(d)

[6]

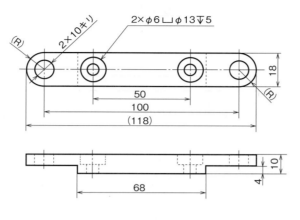

(a) 解答例

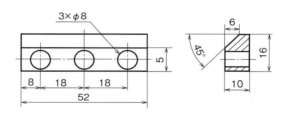

(b) 解答例

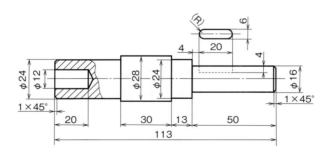

(c) 解答例

第5章　章末問題（解答）

第5章　章末問題（解答）

[1]

サイズ公差	①		②		③	
サイズ公差	穴 $\phi 28\begin{smallmatrix}+0.10\\-0.05\end{smallmatrix}$	軸 $\phi 28\begin{smallmatrix}-0.10\\-0.15\end{smallmatrix}$	穴 $\phi 32$ H7	軸 $\phi 32$ r6	穴 $\phi 25$ JS7	軸 $\phi 25$ h6
はめあいの種類	すきまばめ		しまりばめ		中間ばめ	
公差の種類	両側公差	片側公差	片側公差	両側公差	両側公差	片側公差
図示サイズ	28	28	32	32	25	25
上の許容差	+0.10	−0.10	+0.025	+0.050	+0.0105	0
下の許容差	−0.05	−0.15	0	+0.034	−0.0105	−0.013
上の許容サイズ	28.10	27.90	32.025	32.050	25.0105	25
下の許容サイズ	27.95	27.85	32	32.034	24.9895	24.987
すきま又はしめしろの最大・最小値	最大すきま　0.25		−		最大すきま　0.0235	
すきま又はしめしろの最大・最小値	最小すきま　0.25		−		−	
すきま又はしめしろの最大・最小値	−		最大しめしろ　0.05		最大しめしろ　0.0105	
すきま又はしめしろの最大・最小値	−		最小しめしろ　0.009		−	

[2]　すきまばめ

[3]　$\phi 30$ H8 は $\phi 30$ H8 $\left(\begin{smallmatrix}+0.033\\0\end{smallmatrix}\right)$, $\phi 30$ e9 は $\phi 30$ e9 $\left(\begin{smallmatrix}-0.040\\-0.092\end{smallmatrix}\right)$ なので,

最大すきま　$0.033 + 0.092 = 0.125$ [mm]　　最小すきま　$0 + 0.040 = 0.040$ [mm]

[4]　一般には，次の方法がある。

① 圧　　入：荷重をかけて，力学的に押し込む方法。

② 焼きばめ：穴を加熱膨張させて内径を拡大させ，軸にはめ込む方法。

③ 冷しばめ：軸を冷却して外形を縮小させ，穴にはめ込む方法。

[5]　鋳造品は，型を合わせる際のずれや熱膨張などによる影響を受けるため，それらの誤差を考慮して，指示された寸法よりも少し大きく設定されている。

[6]　$0.3^2 + (T^2 + T^2 + T^2) = 0.4^2$

$3 T^2 = 0.07$

$\therefore T = \pm 0.15$ [mm]

[7]　$0.3 + (T + T + T) = 0.4$

$\therefore T = \pm 0.033$ [mm]

— 272 —

第6章　章末問題（解答）

［1］　公差（Tolerance）は，決められた範囲のすべての値が等しく許容される設計上の許容範囲を表す。偏差（Deviation）は，目標値と加工・測定・検証結果との差を表す。そのため，幾何公差は「検証する」といい，幾何偏差は「測定する」といい，両者を使い分ける。

［2］　図(a)のようにデータムをとらない輪郭度は平面を曲面に置き換えたものと考えればよく，平面度公差と同様にデータムを必要としない。
　　一方，図(b)のようにデータムをとる輪郭度公差の場合は，理論的に正確な幾何学形状からの狂い（姿勢）を規制するためデータムを必要とする。

［3］　本来，位置度は，真の位置からの狂いを規制するという**真位置度理論**に基づく。本設問のようにデータムをもたない位置度公差は，方向を定めない相対位置（ピッチ間距離）だけを規制できる。ただし，この場合は，直方体のどの面に対しても姿勢を規制されない。

［4］　現行のJISでは，平面度公差は外側平面（外側形体）に指示できるが，次図のような中心点，中心線又は中心面には指示できない。同時に，最大実体公差方式も適用できない。

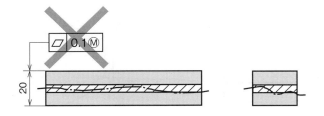

［5］

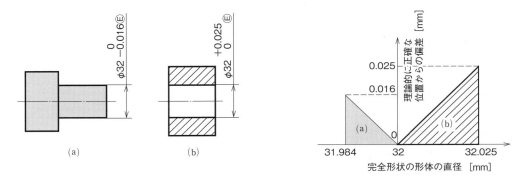

— 273 —

第6章　章末問題（解答）

[6]

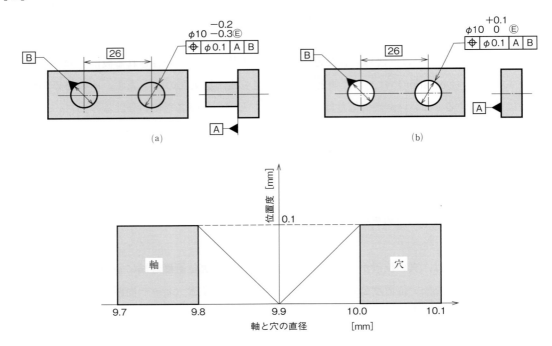

[7]

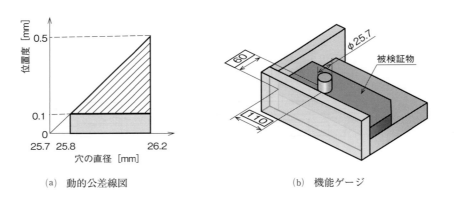

(a) 動的公差線図　　　(b) 機能ゲージ

[8]

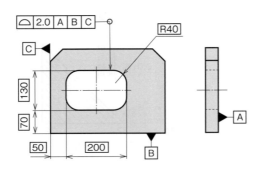

（参考）本設問の輪郭度の指示は，理論的に正確な幾何学的形状に対する狂いを規制するため，データムを指示している（設問［2］参照）。

— 274 —

第６章　章末問題（解答）

[9]

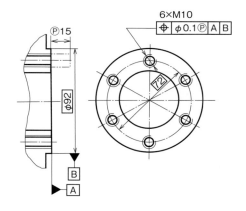

[10]

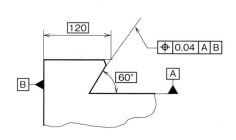

[11]

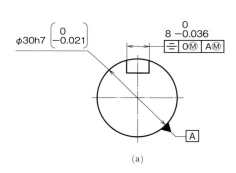
(a)

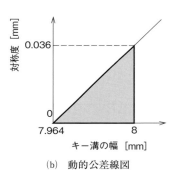
(b) 動的公差線図

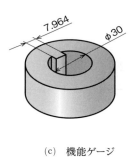
(c) 機能ゲージ

[12]

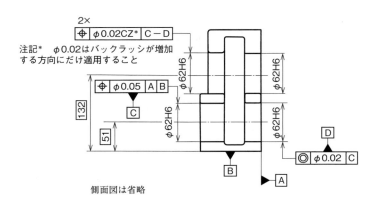

側面図は省略

第7章　章末問題（解答）

[1]

図番号	解答	解説
①	×	表面性状の図示記号は，指示する面の外側から当てる。
②	○	面取り部分にも表面性状の図示記号を指示する。
③	×	フライス削りの筋目模様は「M」であるため。
④	×	研削加工は除去加工なので▽であるため。
⑤	×	穴が「全表面」に含まれるかどうかがあいまいな図面であるため。
⑥	○	表面性状の図示記号は，寸法補助線に接して記述できる。
⑦	○	誤った解釈が生じない場合，同じ表面のキー溝の両側面に一括指示できる。
⑧	○	表面性状と寸法とを寸法線上に一緒に図示できる。
⑨	×	一部が異なる表面性状の簡略図示は，√Ra 25 (√Ra 1.6) 又は √Ra 25 (√) と書く必要がある。
⑩	○	個数の後に指示すると，他の同一形状にも同じ表面性状が適用される。

[2]

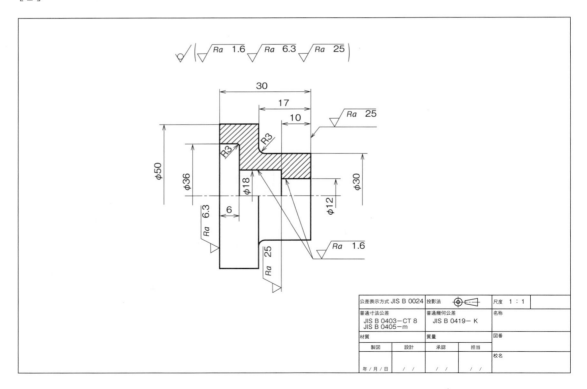

[3]

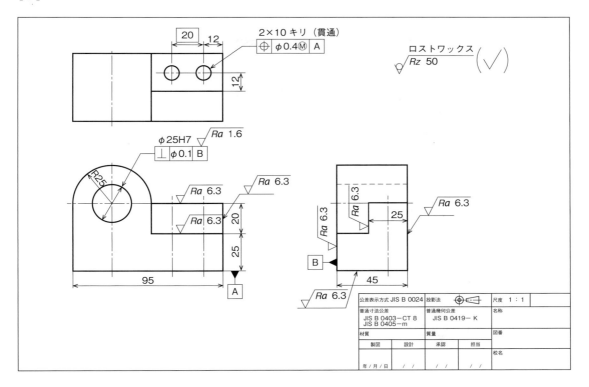

[4]

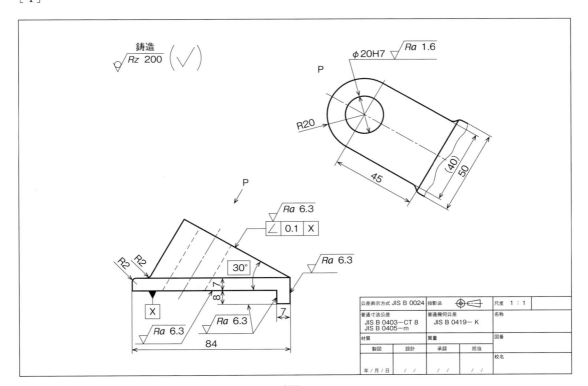

第 7 章　章末問題（解答）

［5］

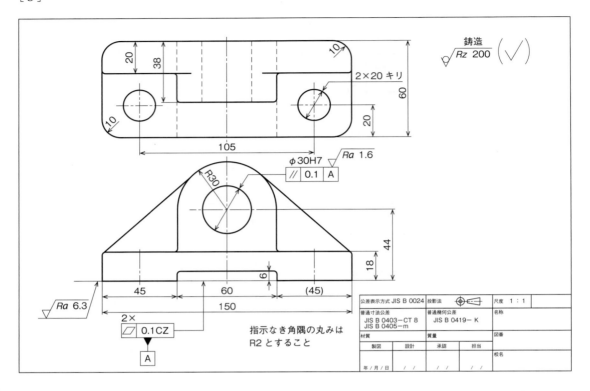

［6］

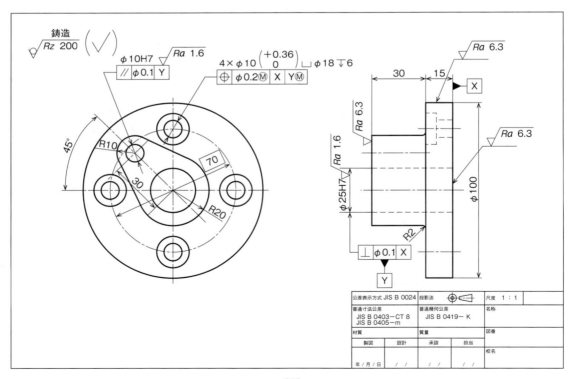

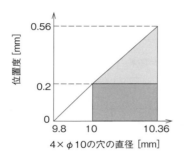

⑨-1 動的公差線図

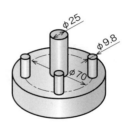

⑨-2 機能ゲージ

[7]

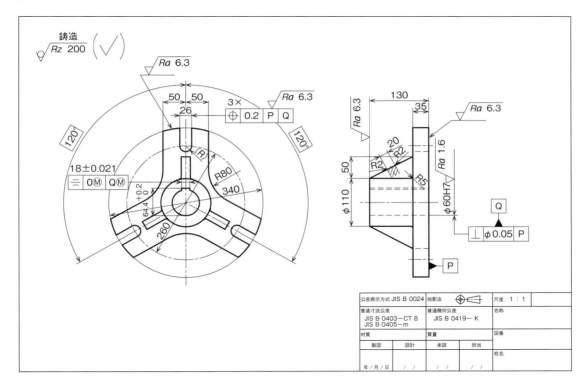

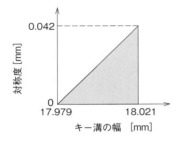

⑩-1 動的公差線図

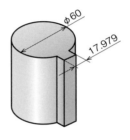

⑩-2 機能ゲージ

第7章　章末問題（解答）

[8]

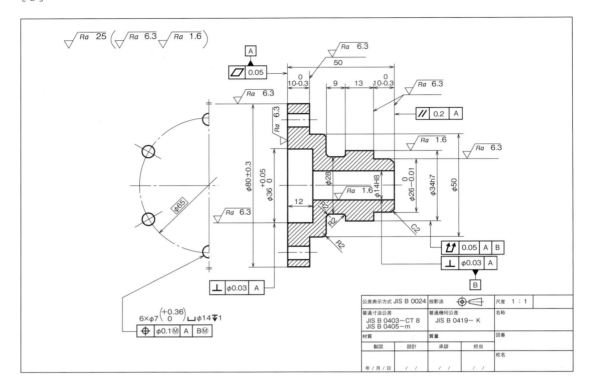

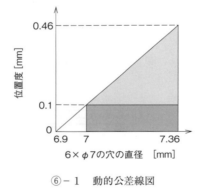

⑥-1　動的公差線図

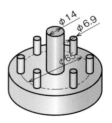

⑥-2　機能ゲージ

第 7 章　章末問題（解答）

[9]

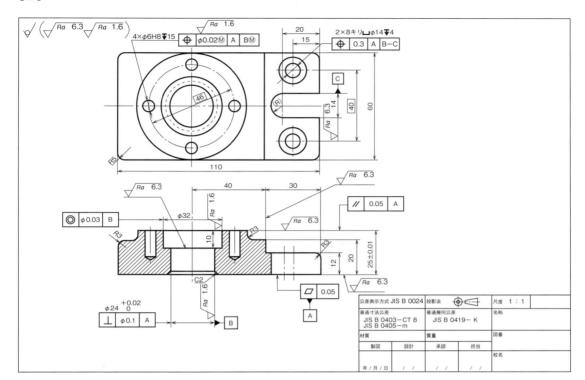

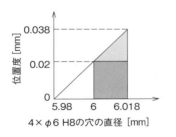

⑦-1　動的公差線図

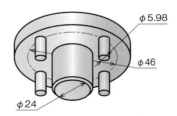

⑦-2　機能ゲージ

第8章　章末問題（解答）

第8章　章末問題（解答）

［1］
　①材質，②規格又は製品名，③種類

［2］
　SS400：一般構造用圧延鋼材で400は最低引張強さ400 N/mm² を表している。
　S45C：機械構造用炭素鋼鋼材で炭素含有量0.42〜0.48%であることを表している

［3］
　NCM
　例えば，SNCM431のように表す。

［4］
　F：鉄　　　S：鋼　　　A：アルミニウム　　　B：青銅　　　C：銅
　Bs：黄銅　　　HBs：高力黄銅　　　W：ホワイトメタル　　　PB：りん青銅

［5］
　熱間圧延鋼板：PH（Hはホットの意味）
　冷間圧延鋼板：PC（Cはコールドの意味）

［6］
　例）A5052，A5005等
　Al−Mg系合金は，記号5を使い，材質を表す記号と，数値5に続く3桁の数字で表す。

［7］
　成分の違いである。A2000番台はAl−Cu−Mg系合金，A5000番台はAl−Mg系合金，A7000番台はAl−Zn−Mg系合金である。

［8］
　BE

［9］
　FC200

— 282 —

第9章　章末問題（解答）

[1]
　突合せ継手，重ね継手，角継手，T継手，へり継手，片面当て板継手，両面当て板継手，十字継手，フレア継手

[2]
　I形，V形，X形，レ形，K形，J形，両面J形，U形，H形

[3]

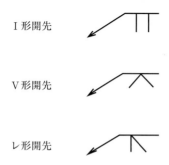

[4]

[5]

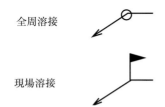

第9章　章末問題（解答）

[6]

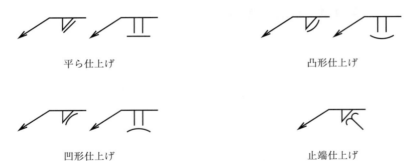

溶接記号は，必要なものを選択する。
── 平ら仕上げ
⌣ 凸形仕上げ
⌢ 凹形仕上げ
⋔ 止端仕上げ

[7]

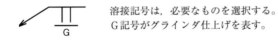

溶接記号は，必要なものを選択する。
G記号がグラインダ仕上げを表す。

第 10 章　章末問題（解答）

[1]　M

[2]　a：（メートル）並目　　b：（メートル）細目

[3]　ねじの呼び径

[4]　ピッチ

[5]　LH

[6]　2

[7]　Tr

[8]　管用テーパ

[9]　a：太い実　　b：細い実

[10]　6

規格等一覧

○使用規格一覧 ———————————————————————————————
（　）内は本教科書の該当ページ又は図表番号

日本産業規格（発行元：一般財団法人日本規格協会）

・JIS B 0001：2019「機械製図」（25，26，35，51，53，58，61，62，67，68，70，72，82，87，88，90，92，93，101〜103，109，136）

・JIS B 0002−1：1998「製図−ねじ及びねじ部品−第1部：通則」（235，236，237）

・JIS B 0021：1998「製品の幾何特性仕様（GPS）−幾何公差表示方式−形状，姿勢，位置及び振れの公差表示方式」（142）

・JIS B 0022：1984「幾何公差のためのデータム」（144）

・JIS B 0023：1996「製図−幾何公差表示方式−最大実体公差方式及び最小実体公差方式」（162）

・JIS B 0031：2003「製品の幾何特性仕様（GPS）−表面性状の図示方法」（179，180，182〜184）

・JIS B 0101：2013「ねじ用語」（230）

・JIS B 0123：1999「ねじの表し方」（232）

・JIS B 0202：1999「管用平行ねじ」（240）

・JIS B 0203：1999「管用テーパねじ」（240，241）

・JIS B 0401−1：2016「製品の幾何特性仕様（GPS）−長さに関わるサイズ公差のISOコード方式−第1部：サイズ公差，サイズ差及びはめあいの基礎」（123〜125，127，128）

・JIS B 0401−2：2016「製品の幾何特性仕様（GPS）−長さに関わるサイズ公差のISOコード方式−第2部：穴及び軸の許容差並びに基本サイズ公差クラスの表」（243〜246）

・JIS B 0403：1995「鋳造品−寸法公差方式及び削り代方式」（130，131）

・JIS B 0405：1991「普通公差−第1部：個々に公差の指示がない長さ寸法及び角度寸法に対する公差」（132，133）

・JIS B 0419：1991「普通公差−第2部：個々に公差の指示がない形体に対する幾何公差」（164，165）

・JIS B 0420−1：2016「製品の幾何特性仕様（GPS）−寸法の公差表示方式−第1部：長さに関わるサイズ」（137）

・JIS B 0420−3：2020「製品の幾何特性仕様（GPS）−寸法の公差表示方式−第3部：角度に関わるサイズ」（137）

・JIS B 0633：2001「製品の幾何特性仕様（GPS）−表面性状：輪郭曲線方式−表面性状評価の方式及び手順」（178）

・JIS B 1004：2009「ねじ下穴径」（238）

・JIS Z 8114：1999「製図−製図用語」（14，36，38，52）

・JIS Z 8313−1：1998「製図−文字−第1部：ローマ字，数字及び記号」（22）

・JIS Z 8313−10：1998「製図−文字−第10部：平仮名，片仮名及び漢字」（22）

・JIS Z 8314：1998「製図−尺度」（48）

・JIS Z 8315−2：1999「製図−投影法−第2部：正投影法」（33，34）

・JIS Z 8316：1999「製図−図形の表し方の原則」（67）

・JIS Z 8317−1：2008「製図−寸法及び公差の記入方法−第1部：一般原則」（82，83）

標準報告書（発行元：一般財団法人日本規格協会）

・TR B 0003：1998（2004 年廃止）「製図―幾何公差表示方式―形状，姿勢，位置及び振れの公差方式―検証の原理と方法の指針」（167 ～ 197）

○参考規格一覧

日本産業規格（発行元：一般財団法人日本規格協会）

・JIS B 0001：2019「機械製図」（13，42）

・JIS B 0002-1：1998「製図－ねじ及びねじ部品－第 1 部：通則」（13）

・JIS B 0003：2012「歯車製図」（13）

・JIS B 0004：2007「ばね製図」（13）

・JIS B 0005-1：1999「製図－転がり軸受－第 1 部：基本簡略図示方法」（13）

・JIS B 0005-2：1999「製図－転がり軸受－第 2 部：個別簡略図示方法」（13）

・JIS B 0021：1998「製品の幾何特性仕様（GPS）－幾何公差表示方式－形状，姿勢，位置及び振れの公差表示方式」（13，157）

・JIS B 0024：2019「製品の幾何特性仕様（GPS）－基本原則－GPS 指示に関わる概念，原則及び規則」（13，154）

・JIS B 0029：2000「製図－姿勢及び位置の公差表示方式－突出公差域」（13）

・JIS B 0031：2022「製品の幾何特性仕様（GPS）－表面性状の図示方法」（13）

・JIS B 0060-1 ～ 10：「デジタル製品技術文書情報」（13）

・JIS B 0122：1978「加工方法記号」（181）

・JIS B 0205-1：2001「一般用メートルねじ－第 1 部：基準山形」（239）

・JIS B 0205-2：2001「一般用メートルねじ－第 2 部：全体系」（239）

・JIS B 0205-4：2001「一般用メートルねじ－第 4 部：基準寸法」（239）

・JIS B 0209-1：2001「一般用メートルねじ－公差－第 1 部：原則及び基礎データ」（233）

・JIS B 0209 - 2：2001「一般用メートルねじ－公差－第 2 部：一般用おねじ及びめねじの許容限界寸法－中（はめあい区分）」（232）

・JIS B 0408：1991「金属プレス加工品の普通寸法公差」（133）

・JIS B 0410：1991「金属板せん断加工品の普通公差」（133）

・JIS B 0411：1978「金属焼結品普通許容差」（133）

・JIS B 0415：1975「鋼の熱間型鍛造品公差（ハンマ及びプレス加工）」（133）

・JIS B 0416：1975「鋼の熱間型鍛造品公差（アプセッタ加工）」（133）

・JIS B 0417：1979「ガス切断加工鋼板普通許容差」（133）

・JIS B 0601：2013「製品の幾何特性仕様（GPS）－表面性状：輪郭曲線方式－用語，定義及び表面性状パラメータ」（13）

・JIS B 0621：1984「幾何偏差の定義及び表示」（151 ～ 153）

規格等一覧

・JIS G 3101：2024「一般構造用圧延鋼材」(247)

・JIS G 3106：2024「溶接構造用圧延鋼材」(247)

・JIS G 3131：2024「熱間圧延軟鋼板及び鋼帯」(247)

・JIS G 3141：2021「冷間圧延鋼板及び鋼帯」(89，247)

・JIS G 3201：2008「炭素鋼鍛鋼品」(248)

・JIS G 4051：2023「機械構造用炭素鋼鋼材」(247)

・JIS G 4052：2023「焼入性を保証した構造用鋼鋼材（H鋼）」(247)

・JIS G 4053：2023「機械構造用合金鋼鋼材」(247)

・JIS G 4303：2021「ステンレス鋼棒」(247)

・JIS G 4401：2022「炭素工具鋼鋼材」(247)

・JIS G 4403：2022「高速度工具鋼鋼材」(248)

・JIS G 4404：2022「合金工具鋼鋼材」(248)

・JIS G 4801：2021「ばね鋼鋼材」(248)

・JIS G 5101：1991「炭素鋼鋳鋼品」(248)

・JIS G 5501：1995「ねずみ鋳鉄品」(248)

・JIS H 3100：2018「銅及び銅合金の板及び条」(248)

・JIS H 3250：2021「銅及び銅合金の棒」(248)

・JIS H 4000：2022「アルミニウム及びアルミニウム合金の板及び条」(248)

・JIS H 5120：2016「銅及び銅合金鋳物」(249)

・JIS H 5202：2010「アルミニウム合金鋳物」(249)

・JIS H 5203：2022「マグネシウム合金鋳物」(249)

・JIS H 5301：2009「亜鉛合金ダイカスト」(249)

・JIS H 5302：2006「アルミニウム合金ダイカスト」(249)

・JIS H 5401：1958「ホワイトメタル」(249)

・JIS Z 3021：2016「溶接記号」(211)

・JIS Z 8114：1999「製図－製図用語」(13，35)

・JIS Z 8310：2010「製図総則」(13)

・JIS Z 8311：1988「製図－製図用紙のサイズ及び図面の様式」(13)

・JIS Z 8312：1999「製図－表示の一般原則－線の基本原則」(13)

・JIS Z 8313－0 ～ 10：1998「製図－文字」(13，22)

・JIS Z 8314：1998「製図－尺度」(13)

・JIS Z 8315－1 ～ 4「製図－投影法」(13)

・JIS Z 8316：1999「製図－図形の表し方の原則」(13)

・JIS Z 8317－1：2008「製図－寸法及び公差の記入方法－第1部：一般原則」(13)

・JIS Z 8318：2013「製品の技術文書情報（TPD）－長さ寸法及び角度寸法の許容限界の指示方法」(104)

・JIS Z 8903：1984「機械彫刻用標準書体（常用漢字)」(23)

・JIS Z 8904：1976「機械彫刻用標準書体（かたかな)」(23)

・JIS Z 8906：1977「械彫刻用標準書体（ひらがな)」(23)

・TR B 0003：1998（2004 廃止)「製図―幾何公差表示方式―形状，姿勢，位置及び振れの公差方式―検証の原理と方法の指針」(166)

英国規格（発行元：英国規格協会)

・BS 1134：2010「表面の質感の評価　ガイダンスと一般情報」(190)

○**引用文献・協力企業等**（五十音順，企業名は執筆当時のものです) ─────────

・「ISO・JIS 準拠　図面の新しい見方・読み方　改訂 3 版」桑田浩志著，p. 202 ～ 203，図 5.61，図 5.62，表 5.5，日本規格協会，2013（155，156)

・「JIS 使い方シリーズ　機械製図マニュアル　第 4 版」桑田浩志・徳岡直靜 共著，p. 272 ～ 273，図 12.38 ～ 図 12.40，日本規格協会，2010（161)

・近藤　巖氏（192 ～ 194)

・「製図マニュアル　精度編［改訂 2 版]」製図マニュアル精度編集委員会 編著，p. 34 ～ 35，日本規格協会，1989（「はめあいの選択基準調査分科会報告書（主査＝林杵雄)」日本機械学会，1977)（129)

・武藤工業株式会社（21)

○**参考文献等**（五十音順) ─────────

・「ISO・JIS 準拠　図面の新しい見方・読み方　改訂 3 版」桑田浩志著，日本規格協会，2013

・「ISO・JIS 準拠　ものづくりのための寸法公差方式　幾何公差方式」桑田浩志編著，日本規格協会，2011

・「JIS 使い方シリーズ　新しい公差概念による製図マニュアル〈精度編〉改訂 2 版」佐藤豪 他編，日本規格協会，1990

・「JIS 使い方シリーズ　機械製図マニュアル　第 4 版」桑田浩志・徳岡直靜 共著，日本規格協会，2010

・「JIS に基づく幾何公差方式」桑田浩志著，日本規格協会，2010

・「機械製図（7 実教　工業 702)」富岡淳 他編修，実教出版，2022

索　引

［数字・アルファベット］

16％ルール……………………………180

A列サイズ……………………………… 42

CAD ……………………………… 12，21

CZ ………………………………………147

H穴基準（H穴）はめあい……………127

h軸基準（h軸）はめあい……………128

ISO ……………………………………122

ISOコード方式………………………122

ISOはめあい方式……………………122

IT ………………………………………122

LD ………………………………………150

LMR ……………………………………162

MD ………………………………………150

MMR ……………………………………154

PD ………………………………………149

Ra ………………………………………177

RMA ……………………………………130

Rmq ……………………………………186

RSm ……………………………………177

Rz ………………………………………177

TED ……………………………………149

W_{EA}……………………………………186

W_{EM}……………………………………186

［あ］

圧入……………………………………122

穴基準はめあい方式…………………127

　

アボットの負荷曲線…………………186

粗さ曲線………………………………176

粗さパラメータ………………………177

粗さモチーフ…………………………187

粗さモチーフ長さ……………………187

粗さモチーフの平均長さ……………188

粗さモチーフの平均深さ……………188

粗さモチーフ深さ……………………187

［い］

位置公差……………………… 142，143

一条ねじ………………………………230

［う］

上の許容差……………………………117

上の許容寸法…………………………117

内側サイズ形体………………………116

うねり曲線……………………………176

うねりモチーフ………………………187

うねりモチーフ長さ…………………187

うねりモチーフの平均長さ…………188

うねりモチーフの平均深さ…………188

うねりモチーフ深さ…………………187

［お］

大きさ寸法……………………………116

［か］

開先……………………………………211

索　引

回転図示断面図······················· 58

回転投影図························· 53

ガウス分布曲線·····················134

角度寸法·························116

角度の寸法数値······················ 82

加工方法·························181

片側公差·························117

片側断面図························ 57

カットオフ値··················· 177，189

簡易測定·························166

簡易測定器·························166

完全形状·························161

関連形体·························143

［き］

キー溝··························· 97

機械製図··························· 13

幾何公差·························142

幾何公差表示方式·····················142

幾何偏差·························142

基準長さ·························177

基礎となる許容差·····················122

機能ゲージ·························156

基本記号·························212

基本サイズ公差等級····················122

基本図示記号·······················179

仰かん図··························· 38

共通公差域·························147

共通データム·······················148

局部谷·························187

局部投影図·························· 52

局部山·························187

許容限界·························117

許容限界寸法·······················117

［く］

区分記号·························· 45

雲形定規·························· 18

グループ形体·······················158

［け］

形状公差··················· 142，143

削り加工の普通寸法公差··················132

現尺·························· 48

［こ］

公差記入枠·························145

公差クラス·························122

公差表示方式（JIS B 0024）···············154

格子参照方式······················· 45

こう配·························100

互換性の方法·······················135

国際標準化機構······················ 13

転がり円うねり······················186

転がり円最大高さうねり··················186

転がり円算術平均うねり··················186

コンパス·························· 15

［さ］

最小実体公差方式··············· 154，162

最小実体サイズ······················162

最小しめしろ·······················122

最小すきま·························121

最小二乗サイズ······················136

— 291 —

索　引

サイズ……………………116	主投影図………………… 49
サイズ形体………………116	条件記号…………………136
最大実体公差方式………154	照合番号………………… 46
最大実体サイズ…………154	除去加工…………………179
最大しめしろ……………122	真位置度理論……………272
最大すきま………………121	
最大高さ粗さ……………177	**［す］**
裁断マーク……………… 44	推奨尺度………………… 48
材料記号…………………200	すきま……………………121
座標寸法記入法………… 86	すきまばめ………………121
座標測定機………………166	スケール………………… 19
参考寸法…………………120	図示寸法…………………117
三次元測定機……………166	筋目………………………176
算術平均粗さ………177，177	図面……………………… 12
参照指示…………………184	寸法……………………78，116
参照線…………………… 78	寸法公差…………………117
三平面データム系………143	寸法公差表示方式………117
	寸法数値………………… 82
［し］	寸法線…………………78，79
	寸法補助記号………51，78，88
軸基準はめあい方式……128	寸法補助線………………78，79
自在曲線定規…………… 18	
姿勢公差……………142，143	**［せ］**
下の許容差………………117	
下の許容寸法……………117	正規分布曲線……………134
実効サイズ………………156	製図……………………… 12
実用データム形体………143	製図総則………………… 13
実用データム平面………144	正投影…………………… 32
しまりばめ………………121	切断面…………………… 55
しめしろ…………………121	全周記号…………………179
尺度……………………… 48	
斜投影…………………… 32	**［そ］**
縮尺……………………… 48	外側サイズ形体…………116

索 引

［た］

第一角法	34
第三角法	33
対称図示記号	63
対称中心線	63
対象物	32
多条ねじ	230
多点測定	166
単一のデータム	143
単独形体	143
端末記号	78
断面曲線	176
断面図	55

［ち］

中間ばめ	121
中心マーク	44
鋳造品の普通寸法公差	130
鳥かん（瞰）図	38
直列寸法記入法	85

［て］

データム	143
データム三角記号	145
テーパ	100
鉄鋼記号	200
テンプレート	19

［と］

投影図	32
投影線	32
投影面	32
等角図	35
透視投影	32
動的公差線図	155
特別延長サイズ	42
独立の原則	154
突出公差域	154, 160

［な］

長さ寸法	116
長さの寸法	82

［に］

二乗和平方根	135
二点間サイズ	136
二点間測定法	136
日本産業規格	13

［は］

倍尺	48
破断線	52
ハッチング	55
はめあい	121

［ひ］

引出線	78, 81
非剛性部品	163
ピッチ	230
非鉄金属記号	200
冷しばめ	122
評価長さ	177
表形式寸法記入法	87

— 293 —

索　引

表題欄······························45
表面粗さ測定機····················189
表面性状··························176
表面性状パラメータ················176

[ふ]

付加記号··························157
負荷長さ率························186
不完全互換性の方法················135
複合位置度公差方式················158
普通幾何公差······················164
普通寸法公差······················130
部品欄····························46
部分拡大図························53
部分断面図························57
部分投影図························52
プラトー構造表面··················186
振れ公差······················142, 143

[へ]

平行投影··························35
並列寸法記入法····················85

[ほ]

方向マーク························44
包絡の条件····················154, 161
ボーナス公差······················155
ボーナス公差域····················156
補助記号··························213
補助投影図························54
補足の投影図······················49

[め]

面取り····························89

[や]

焼きばめ··························122

[よ]

溶接記号······················210, 211
溶接継手··························210
呼び径····························230

[り]

リード····························230
理論的に正確な寸法················149
輪郭曲線パラメータ················176
輪郭曲線要素の平均粗さ············177
輪郭公差······················142, 143

[る]

累進寸法記入法····················86

[わ]

枠付き寸法························149

委 員 一 覧

昭和 62 年 2 月
〈作成委員〉　　加藤　捷裕　茨城職業訓練短期大学校
　　　　　　　　松本　　健　茨城職業訓練短期大学校

平成 6 年 2 月
〈改定委員〉　　山田　　守　茨城職業能力開発短期大学校

平成 14 年 3 月
〈改定委員〉　　石井　藤隆　神奈川県立横須賀高等職業技術校
　　　　　　　　岸本　正史　元 神奈川県立川崎高等職業技術校

平成 27 年 2 月
〈監修委員〉　　岡部　眞幸　職業能力開発総合大学校
　　　　　　　　森　　茂樹　職業能力開発総合大学校
〈改定委員〉　　小川　和史　栃木県立県央産業技術専門校
　　　　　　　　島崎　光憲　群馬県立太田産業技術専門校
　　　　　　　　横林　照之　広島県立技術短期大学校

（委員名は五十音順，所属は執筆当時のものです）

職 業 訓 練 教 材

機 械 製 図　基礎編

厚生労働省認定教材	
認定番号	第59264号
認定年月日	昭和62年2月2日
改定承認年月日	令和 7 年3月31日
訓練の種類	普通職業訓練
訓練課程名	普通課程

昭和62年2月　　　初版発行
平成 6 年3月　　　改定初版 1 刷発行
平成14年3月　　　改定 3 版 1 刷発行
平成27年2月　　　改定 4 版 1 刷発行
令和 7 年3月　　　改定 5 版 1 刷発行

編　集　　独立行政法人 高齢・障害・求職者雇用支援機構
　　　　　　職業能力開発総合大学校 基盤整備センター

発行所　　一般社団法人 雇用問題研究会
　　　　　　〒103-0002 東京都中央区日本橋馬喰町 1-14-5 日本橋Kビル 2 階
　　　　　　電話 03(5651)7071(代表)　FAX 03(5651)7077
　　　　　　URL　https://www.koyoerc.or.jp/

印刷所　　株式会社 ワイズ

151506-25-31

本書の内容を無断で複写，転載することは，著作権法上での例外を除き，禁じられています。
また，本書を代行業者等の第三者に依頼してスキャンやデジタル化することは，著作権法
上認められておりません。
なお，編者・発行者の許諾なくして，本教科書に関する自習書，解説書もしくはこれに類
するものの発行を禁じます。

ISBN978-4-87563-432-4